普通高等教育高职高专土建类"十二五"规划教材

建筑装饰装修工程概预算

（第2版）

主　编　滕道社　张献梅
副主编　贾红霞　杨春香　张昊　梁伟
主　审　孙亚峰　江向东

中国水利水电出版社
www.waterpub.com.cn

内 容 提 要

　　本套教材结合高职高专课程改革精神，吸取传统教材优点，充分考虑高职就业实际，以模块教学、任务导向的思路编写。本书主要介绍了建筑装饰装修工程概预算的基础知识，编制建筑装饰装修工程概预算的资料准备，如何进行建筑装饰装修工程概预算报价，如何进行建筑装饰装修工程预算的清单报价以及建筑装饰装修工程预算有关案例的分析等内容。

　　本教材可以作为建筑装饰工程技术、工程造价、工程管理等专业的教材，也可以作为工程造价管理人员、装饰企业造价管理人员业务学习的参考书。

　　本教材配有电子教案供免费下载：http://www.waterpub.com.cn，下载中心。

图书在版编目（CIP）数据

建筑装饰装修工程概预算/滕道社，张献梅主编．
—2版．—北京：中国水利水电出版社，2012.2（2015.11重印）
普通高等教育高职高专土建类"十二五"规划教材
ISBN 978-7-5084-9482-1

Ⅰ．①建…　Ⅱ．①滕…②张…　Ⅲ．①建筑装饰-工
程装修-概算编制-高等职业教育-教材②建筑装饰-工
程装修-预算编制-高等职业教育-教材　Ⅳ．
①TU723.3

中国版本图书馆CIP数据核字（2012）第024118号

书　　名	普通高等教育高职高专土建类"十二五"规划教材 **建筑装饰装修工程概预算（第2版）**
作　　者	主编　滕道社　张献梅
出版发行	中国水利水电出版社 （北京市海淀区玉渊潭南路1号D座　100038） 网址：www.waterpub.com.cn E-mail：sales@waterpub.com.cn 电话：（010）68367658（发行部）
经　　售	北京科水图书销售中心（零售） 电话：（010）88383994、63202643、68545874 全国各地新华书店和相关出版物销售网点
排　　版	中国水利水电出版社微机排版中心
印　　刷	北京市北中印刷厂
规　　格	210mm×285mm　16开本　11.75印张　356千字
版　　次	2010年3月第1版　2010年3月第1次印刷 2012年2月第2版　2015年11月第3次印刷
印　　数	8001—11000册
定　　价	**22.00元**

普通高等教育高职高专土建类"十二五"规划教材
（建筑装饰工程技术专业）
编　委　会

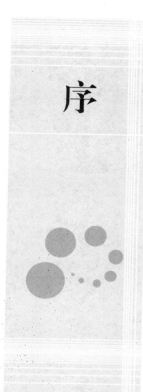

序

在中国，走新型工业化发展的道路，不仅需要一大批高素质的专家学者，同时也需要大量熟练掌握新技术、新工艺、新设备的技术型、技能型劳动者。技术技能型人才是推动科技创新和实现科技成果转化的生力军。而在培养技术技能新人才方面，职业教育具有不可替代的重要作用。高等职业教育在近几年的发展历程中，走了一些创新之路，如"双师型"、"双元制"、校企合作等的出现，无疑给职业教育的发展和完善增添了新鲜的元素。职业教育的模式在经历了这些探索、变化过程以后，如今的方向应该是"工作过程导向"模式，因为当今时代，任何技术问题的解决在很大程度上都是一种技术过程和社会过程（职业活动）的结合，人类的认识只能以整体化的形式进行。因此在工作过程中所需要的知识，也必须与整体化的实际工作过程相联系。

建筑装饰工程技术专业的学习领域涉及工学和艺术专业学科的交叉，可以说是一门综合艺术设计与表达和建筑技术与管理的新兴学科。在推广这种行动导向的教学的过程中，教材建设也要跟上时代步伐。但同时应该看到，由于院校众多，师资力量、学生生源不尽相同，甚至相差较大，当前一些示范性院校教材遭遇到不能通用的尴尬，鉴于此，中国水利水电出版社充分结合建筑装饰工程技术专业的发展现状，出版了"普通高等教育高职高专土建类'十二五'规划教材"建筑装饰工程技术专业系列分册。

本系列分册针对高职高专土建大类的建筑装饰技术专业编写，以工学结合的人才培养模式为基础，采用模块单元、任务导向的编写思路，结合就业情况编写，内容上简化理论，突出结论，列举实例；同时充分吸收传统教材优势，将"教学计划"和"教材"予以区分，协调基础知识和实践运用的关系。在分册编写上有所区分，大部分分册以"模块—课题—学习目标、学习内容、学习情境"的模式编写，一少部分以知识讲解为主的分册则仍采用传统章节的形式，但提高了课后实践作业的要求。

本系列分册可作为高职高专建筑装饰、环境艺术设计、室内设计及其他相关相近专业作为教材使用，也可供专业设计人员及有兴趣的读者参考阅读。

本系列分册的编写得到了高职高专教育土建类专业教学指导委员会建筑类专业指导分会秘书长孙亚峰老师、北京师范大学教育技术学院技术与职业教育研究所所长赵志群老师的指导和帮助，在此表示衷心感谢！

  "普通高等教育高职高专土建类'十二五'规划教材"建筑装饰工程技术专业系列分册的出版对于该专业教材的系统性和完善性进行了补充，采用新的编写模式，对于增强学生的知识综合实践能力和教师的综合组织能力都是有帮助的。限于编者的水平和经验，书中难免有不妥之处，恳请广大读者和同行专家批评指正。

编委会

2012 年 1 月

前言

本教材是在第 1 版的基础上，依据教育部最新制定的"高职高专教育建筑装饰专业·建筑装饰工程概预算课程教学的基本要求"并结合使用第 1 版教材几年来的教学实践予以修订，适合作为高职高专院校及本科院校建筑装饰装修专业建筑装饰装修概预算课程的教学用书。

本教材以培养适应生产、管理、服务第一线需要的高等技术应用型人才为目标，编写依据 2002 年建设部颁布的《全国统一建筑装饰装修工程消耗量定额》（GYD 901—2002）以及 2003 年建设部、财政部颁布的《建筑安装工程费用项目组成》（建标〔2003〕206 号）、《建筑工程工程量清单计价规范》（GB 50500—2003）和《建筑工程建筑面积计算规范》（GB/T 50353—2005）等。

本教材主要介绍了建筑装饰装修工程概预算的基础知识；编制建筑装饰装修工程概预算的资料准备；建筑装饰装修工程概预算报价；建筑装饰装修工程预算清单报价以及建筑装饰装修工程预算案例分析等内容。

本教材主编为徐州工程学院滕道社、济源职业技术学院张献梅；副主编为甘肃林业职业技术学院贾红霞、黎明职业大学杨春香、北京农业职业学院张昊、徐州工程学院梁伟。其中杨春香编写了模块一课题一；张献梅编写了模块一课题二、课题三和模块三课题三；滕道社编写了模块四课题一、课题三，模块五实例一、实例二；张昊编写了模块二课题二；贾红霞编写了模块三课题一、课题二，模块四课题二；梁伟编写了模块二课题一。全书由徐州工程学院滕道社统稿。

第 2 版的修订工作主要由徐州工学院滕道社、梁伟完成。江苏建筑职业技术学院的孙亚峰、江向东老师担任了第 2 版的主审，在此表示衷心感谢。

限于编者水平，书中错误在所难免，敬请各位同行、专家和广大读者批评指正。

作 者

2012 年 1 月

目 录

模块一 建筑装饰装修工程概预算的基础知识

 学习目标

1. 了解装饰装修工程概预算在装饰装修工程中的作用，掌握装饰装修工程概预算的概念，熟悉装饰装修概预算的学习方法。
2. 了解建筑装饰装修工程的项目划分，掌握建筑装饰装修工程预算的编制步骤，熟悉装饰装修预算和其他工程预算的区别与联系。
3. 了解建筑装饰装修工程计价表的编制方法，掌握计价表中综合单价的组成。

课题一 如何学习建筑装饰装修工程概预算

1.1 概论

新中国成立以来，我国的工程建设产品造价制度、框架与计算方法等，是在社会主义计划经济体制条件下，根据中国工程建设和经济发展的需要，结合学习前苏联经验的基础上逐步建立和发展起来的。从 1949 年至今的 60 多年来，工程建设产品造价工作经历了艰难曲折的历程，大致可以分为以下六个时期。

（1）国民经济恢复时期（1949～1952 年），东北地区和全国部分地区开始开展劳动定额工作，相关专业开始设置"建筑工程定额管理"课程。

（2）第一个五年计划时期（1953～1957 年），劳动部与建设工程部开始编制建筑业全国统一劳动定额。

（3）从 1958 年到"文化大革命"时期（1958～1966 年），从放权到收权，从混乱到恢复健全时期。

（4）"文化大革命"时期（1966～1976 年），1973 年 1 月 1 日恢复建设单位与施工单位施工图预算结算制度。

（5）党的十一届三中全会以后（1978～1991 年），强调开展劳动定额工作。

（6）建设工程造价全面改革的质变阶段（1992 年至今），深入执行工程造价全面改革。

1.1.1 工程造价重大改革的起步

1991 年以前，从我国工程项目造价管理的实质性进展来看，与世界发达国家以及与我国香港地区相比，在工程造价管理观念、制度、体制方面和管理理论、方法与手段的研究以及推广与应用等方面还存在较大的差距。工程造价管理体制仍然受到 20 世纪 50 年代的工程造价管理传统意识和体制的束缚。但在近些年里由于经济体制和投资主体的变化，特别是加入 WTO 以后，我国工程造价改革开始发生了根本性的转变，从质的方面消除计划经济的影响，破除工程概预算不适应市场经济发展的传统管理体制和方法。

1992 年以后，在前阶段工程造价改革转换过渡工程概预算机制的基础上，随着我国改革开放力度不断加大，国内经济模式加速向有中国特色的社会主义市场经济转变。从 1992 年全国工程建设标准定额工作会议至 1997 年全国工程建设标准定额工作会议期间，是我国推进工程造价管理机制深化改革的阶段。除了坚持"控制过程和动态管理"的思路继续深化外，还使建筑产品在"计量定价"方面能够按照价值原则与规律，把宏观调控与市场调节相结合，提出了"量价分离"的改革方针与原则，既"控制量、指导价、竞争费"的改革设想和实施办法，在合同价格结算方面规定可以采用政府主管部门公布的"信息价"。

建设部 1999 年 1 月发布了《建设工程施工发包与承包价格管理暂行规定》（以下简称《暂行规定》），是以发承包价格为管理对象的规范性文件。《暂行规定》发布后，对规范建筑工程发承包价格活动，加强整个工程造价计价依据和计价方法的改革起到了推波助澜的作用。为我国工程造价改革开始从质的方面转化作了较为充分的舆论准备。《暂行规定》不仅指出了应用范围，规定索赔程序和多种的工程价格定价方式，以及可以采取多种类别价格合同，如固定价格、可调价格、工程成本加酬金确定的合同价格，还在第十一条中明文规定在采用工料单价法外，也可以采用综合单价单位估价法，即分部分项工程量的单价是全部费用单价，既包括按计价定额计算的直接成本、利润（酬金）、税金等一切费用。要求加强企业定额工作，施工企业应当依据企业自身技术和管理情况，在国家定额的指导下制定本企业定额，以适应投标报价，增强市场竞争能力的要求。各级工程造价管理机构要注意收集整理有重复使用价值的工程造价资料，分析较常发生的施工措施费、安全措施费和索赔费用的计算方法，研究提出计算标准，供有关单位参考使用。这意味着国家明文规定根据业主意愿可以采用工程量清单计价方式招标，为深化工程造价改革提出了新的思路和途径。2001 年 10 月 25 日建设部在推行《暂行规定》的基础上，又发布了《建筑工程施工发包与承包计价管理办法》（以下简称《计价管理办法》），自 2001 年 12 月 1 日起施行。此文件更加明确地提出："建筑工程施工发包与承包价格在政府宏观调控下，由市场竞争形成。工程发承包计价应当遵循公平、合法和诚实信用的原则"，并重申了在承发包计价工程的招标投标工程中，可以采用工程量清单方法编制招标标底和投标报价的规定。近几年来，按照这一改革方向，各地在发承包工程量清单计价依据、计价模式与方法、管理方式及其工程合同管理等多方面，进行了许多有益的探索，如广东省顺德市、深圳市、广州市、上海市、天津市、山东省、重庆市、湖北省武汉市等地，特别是广东省沿海地区获得了宝贵的经验，在工程发承包计价改革中取得了实效。

1.1.2 建设工程造价全面改革

我国工程造价管理已进入了全面深化改革的阶段。2000 年开始，建设部在广东省顺德市、天津市、吉林省等地进行试点。试点的结果表明招标投标采用工程量清单计价后，使招标投标透明度增加，在充分竞争的基础上投资效益得到了最大的实现，可操作性强，实行工程量清单计价的条件已基本成熟。建设部于 2003 年 2 月 17 日发布第 119 号公告，批准国家标准《建设工程工程量清单计价规范》（GB 50500—2003）（以下简称《计价规范》）自 2003 年 7 月 1 日起实施。推行工程量清单计价方法不仅是工程造价计价方法改革的一项具体措施，也是有效推行"计价管理办法"的重要手段，是我国工程建设管理体制改革和加入 WTO 与国际惯例接轨的必然要求，是实现我国工程造价全面改革的革命性措施。《计价规范》的主要内容包括正文和附录两大部分，正文共五章，包括总则、术语、工程量清单编制、工程量清单计价、工程量清单及其计价格式等内容，分别就《计价规范》的适用范围、遵循的原则、编制工程量清单应遵循的规则、工程量清单计价活动的规则、工程量清单及其格式作了明确规定。所谓工程量清单是表现拟建工程的分部分项工程项目、措施项目、其他项目名称和相应数量的明细清单。由招标人按照《计价规范》附录统一项目编码、项目名称、计量单位和工程量计算规则（简称"四统一"）进行编制，包括分部分项工程量清单、措施项目清单、其他项目清单。具体讲，它是招标文件中的一个重要文件，是招标人向投标人说明拟建工程对象、形成工程产品的全部工作内容与相关要求的细目。

综上所述，从 2003 年 7 月 1 日开始，全面推行建设工程工程量清单计价模式和方法，这是实现我国建设工程造价改革由计划经济模式向市场经济模式转变的重要标志。改革成就来之不易，经历了计划经济体制过渡到市场经济体制艰巨复杂的过程，走过了 50 多年历程、六个不同时期，有了许许多多正反两方面的经验和教训，而政府宏观调控，市场竞争形成价格是最基本、最重要的原则和经验，这也符合我国社会主义市场初级阶段的国情和建设行业发展的状况。总之，我国工程造价改革是一场观念、制度、体制、技术和方法、手段的彻底转换，是一项复杂而艰巨的系统工程，是一场新的工程造价制度建设革命的开始。

1.1.3 工程造价改革的继续与深化

为什么说我国工程造价改革是一项复杂而艰巨的系统工程，是一场新的工程造价制度建设革命的开始？这是因为真正落实工程量清单计价方式还有许多工作要做，还需要有一个较长的磨合过程，还必须强化观念，健全市场机制，完善工程总包与分包的管理体制，加强合同管理与其相应的信用担保、保险和索赔等制度和诚信机制的建设，工程项目管理、工程建设企业自身的建设与完善，需要建立和健全企业消耗与费用定额等基础工作与提高劳动生产效率，不断提高技术能力和整体素质，在确保业主对质量、进度、环境、安全目标要求的同时，最大限度地降低产品成本，健全与完善建筑企业自主经营和市场决策、承担风险与竞争的能力。我国工程项目管理公司、工程建设总承包企业或集团公司，真正能与国际品牌承包商竞争，还必须有诸多优势和核心竞争力。此外，勘察设计、咨询（监理）业管理体制改革方面还存在较多问题，施工图设计转移和限额设计管理制度的落实等，与国外总承包管理体制还存在较大的差距。同时，还需要培养大量的富有丰富理论与管理实践经验的工程造价咨询与项目管理高级人才。

这一切都是进一步完善工程建设管理体制一体化改革和磨炼企业的过程。近几年，建设部在工程建设管理体制改革方面已经做了大量工作，预计在今后的 5～10 年时间内，我国的工程建设管理体制将会发生巨大的变化。

1.2 建筑装饰装修工程概预算

1.2.1 装饰装修工程预算概念

建筑装饰装修是指为使建筑物、构筑物内外空间达到一定的环境质量要求，使用装饰、装修材料对建筑物、构筑物外表和内部进行装饰处理的工程建设活动。

建筑装饰装修工程预算是指根据建筑装饰施工图和施工方案等计算出装饰工程量，然后套用现行的建筑装饰工程预算（消耗量）计价表或单位估价表，并根据当地当时的装饰材料单价、机械台班单价、费用定额和取费规定，进行计算和编制确定建筑装饰装修预算造价的文件。

1.2.2 建设过程的概预算分类

工程建设活动具有周期长、规模大、造价高的特点。因此，为保证建设活动的顺利进行和建设资金高效节约使用，实现投资控制目标的设置，需要对建设中的各阶段进行建设投资费用的准确计算。各建设阶段投资费用计算的依据不同，使得各建设阶段投资费用的精度存在差别，但它足以满足投资控制的需要，它是各建设阶段建筑工程投资控制的基础、重要依据和最高限额。

建设工程各阶段划分为：项目建议书可行性研究阶段；初步设计阶段；技术设计阶段；施工图设计阶段；招投标阶段；合同实施阶段；竣工验收阶段。

与此对应的工程概预算的阶段划分为：投资估算；工程概算；修正概算；施工图预算；标底；报价；合同价；结算价；实际造价。

1. 投资估算

投资估算是指在项目建议书和可行性研究阶段，根据现有的资料，通过一定的计算方法，预先测算拟建项目的投资额。随着可行性研究的深度不同，投资估算分为几个阶段。投资估算是决策、筹资和控制造价的主要依据。

2. 工程概算（也称项目概算）

工程概算是指在初步设计阶段，根据初步设计文件资料、概算定额（或概算指标）、各项费用定额（或取费标准）和人工、机械设备、材料预算价格等资料，预先计算和确定的建筑工程从筹建至竣工交付使用所需全部费用。工程概算精度比投资估算精度高，它受投资估算的控制。

3. 修正概算

修正概算是指在采用三阶段设计的技术设计阶段，根据技术设计的要求，对工程概算进行修正调整后，确定的建筑工程全部投资费用，它比工程概算精确。

4. 施工图预算

施工图预算是指在施工图设计阶段，根据施工图纸、预算的计价表、费用定额（或取费标准）和人工、材料、机械台班预算价格等资料，预先计算和确定的建筑工程投资费用。它比概算更准确，但受概算控制。

5. 标底

标底是指工程在招标阶段，由招标单位自行编制或委托中介机构代理编制的建筑工程投资费用（也称预期价格）。标底主要用于衡量报价的合理性，是评价投标报价的重要尺度。

6. 报价

报价是指在工程投标阶段，由投标单位根据招标文件及有关计算工程造价的计价依据，并考虑投标策略，计算和确定的建筑工程费用。它决定着投标单位的成败和将来实施工程的盈亏。

7. 合同价

合同价是指中标单位与招标单位，根据《中华人民共和国合同法》、《建筑工程施工合同管理办法》的规定，根据招标文件、投标文件双方签订施工合同时，共同协商确定的工程价格。它又分为固定合同价、可调合同价、成本加酬金合同价。合同价属于市场价格的性质，它是承发包双方根据市场行情共同协议和认可的成交价格，但它并不是实际工程造价。

8. 结算价

结算价是指在合同实施阶段，在工程结算时按合同调价范围和调价方法，对实际发生的工程量增减、设备和材料价差等进行调整后计算和确定的价格。结算价是结算工程的实际价格。

9. 实际造价

实际造价（也称竣工结算）是指竣工决算阶段，通过为竣工项目编制竣工决算，最终确定的实际工程造价。

综上所述，工程投资费用的计算是一个由粗到细、由浅入深、由概略到精确的计算过程。造价管理贯穿工程建设全过程。

1.3 建筑装饰装修工程概预算的学习方法

1.3.1 明确研究对象和任务

本课程把建筑装饰装修工程的施工生产成果与施工生产消耗之间的内在定量关系作为研究对象；把如何认识和利用建筑装饰装修施工成果与施工消耗之间的经济规律，特别是运用市场经济的基本理论合理确定建筑装饰装修工程预算造价，作为本课程的研究任务。

1.3.2 掌握本门课程的学习重点

建筑装饰装修工程概预算是一门理论与实践紧密结合的专业课程。具有时效性、政策性和实践性的特点。

在理论知识上要掌握预算编制原理、建筑装饰装修工程预算费用构成、建筑装饰装修工程预算编制程序等内容，要了解建筑装饰装修工程预算定额的编制方法，掌握工程量清单计价原理与方法。

在实践上要熟练掌握建筑装饰装修工程量计算方法、建筑装饰装修工程预算定额使用方法、建筑装饰装修工程量清单计价方法，了解装饰工程预算的审查方法等。

1.3.3 扎实掌握好其相关课程知识

编制建筑装饰装修工程预算离不开施工图。因此，建筑制图、建筑构造、建筑设计、建筑装饰设计、建筑装饰构造等知识是识读施工图的基础。

编制建筑装饰装修工程预算要与各种装饰材料打交道，还要了解建筑装饰装修施工过程。因此，建筑装饰材料、建筑装饰施工技术是本课程的专业基础课。

复习思考题

1. 如何学习建筑装饰装修工程的概算、预算？
2. 建筑装饰装修工程概预算在装饰装修工程中的作用是什么？
3. 何为装饰装修工程概预算？

课题二　建筑装饰装修工程项目及其预算的分类

2.1　概论

2.1.1　固定资产

固定资产是指在社会再生产过程中，可供生产或生活较长时间并且在使用过程中，基本保持原有实物形态的劳动资料或其他物资资料。具体划分固定资产的标准是：企业使用年限在 1 年以上的房屋、建筑物、机器、机械、运输工具以及其他与生产有关的设备、器具、工具等；劳动资料的单位价值在 2000 元以上，并且使用年限超过 2 年的，也应作为固定资产。

固定资产与流动资产不仅在生产过程中具有不同的作用，而且它们的周转方式与价值补偿方式也不相同。固定资产在消耗过程中不改变原有的实物形态，多次服务于产品生产过程。其自身价值在生产过程中逐步转移到产品价值中去，并在产品经营过程中以折旧的方式来保证固定资产价值的补偿和实物形态的更新。

2.1.2　固定资产投资

固定资产投资是以货币形式表现的计划期内建造、购置、安装或更新生产性和非生产性固定资产的经济活动。固定资产投资根据投资性质和资金来源可分为构建新的固定资产的基本建设投资和更新改造原有固定资产的更新改造投资两大类。

2.1.3　基本建设

基本建设是在固定资产再生产过程中形成综合能力或发挥工程效益的工程项目，是人类有组织、有目的、大规模的经济活动。

基本建设是指固定资产扩大再生产的新建、改建、扩建、恢复工程及与之连带的工作。基本建设是社会主义扩大再生产的重要手段，是国民经济的重要组成部分，是发展国民经济的物质技术基础，也是满足人民群众不断增长的物质文化生活的需要。基本建设主要包括建筑安装和购置固定资产及与之相关的其他建设活动，如征用土地、勘察设计、筹建机构、培训人员等。

2.1.4　基本建设程序

2.1.4.1　基本建设程序含义

基本建设程序是指建设项目从酝酿、提出、决策、设计、施工到竣工验收整个过程中各项工作的先后次序，它是基本建设经验的科学总结，是客观存在的经济规律的正确反映。

基本建设程序必须按照一定的先后顺序进行基本建设、妥善处理各个环节之间的关系，才能保证工程建设的顺利进行。

2.1.4.2　基本建设程序内容

我国基本建设程序包括以下七个阶段：项目建议书阶段、可行性研究报告阶段、设计阶段、建设准备阶段、建设实施阶段、竣工验收阶段和项目后评价阶段。

1. 项目建议书阶段

项目建议书是要求建设某一具体项目的建议文件，对拟建项目的初步说明，一般应包括建设项目提出的必要性和依据；产品方案、拟建规模和建设地点的初步设想；资源情况、建设条件、协作关系等初步设想；投资估算和筹资等设想和经济效益和社会效益的估计等内容。项目建议书经批准后，该项目方可被列入前期工作计划并对该项目进行详细的可行性研究工作。

2. 可行性研究报告阶段

可行性研究是根据项目建议书提供的初步资料，对建设项目投资决策前进行技术经济论证，以保证实现建设项目最佳经济和社会效益。可行性研究根据研究侧重点、数据精度要求不同又分为三个阶段：机会研究、初步可行性研究和最终可行性研究。可行性研究后，应编制可行性研究报告。根据建设部的有关规定，可行性研究报告被批准后，须向当地建设行政主管部门或其授权机构进行报建。

3. 设计阶段

设计阶段是根据设计任务书的要求，在技术上和经济上对拟建工程进行的工程建设项目设计。设计单位根据可行性研究报告，在勘察设计的基础上进行初步设计和施工图设计。设计中要贯彻执行国家有关方针、政策、技术规程、标准等。设计文件的内容要切合实际，安全适用，技术先进，经济合理。

4. 建设准备阶段

建设准备工作的主要内容很多，主要包括征地、组织筹建机构、拆迁和场地平整、水文地质勘察、准备必要的施工图纸、组织主要材料和设备的订货、建设场地的"三通一平"、工程招标准备、施工单位进场前的准备工作等。项目在报批开工前，必须由审计机关对项目的有关内容进行审计并提供证明。

5. 建设实施阶段

根据施工图、施工合同和年度投资计划等文件，全部组织施工。工程开工前必须编制施工组织设计、单位工程施工图预算和施工预算，并且其所制定的施工方案或施工组织设计均须通过监理工程师批准，才能实施。

6. 竣工验收阶段

竣工验收是项目建设的最后一个环节。也是全面考核工程建设成果、检验设计和工程质量的重要步骤。通过验收，使有关部门和单位可以总结经验教训；同时可以使工程尽早正式投入使用，使甲乙双方尽早进行工程决算。

7. 项目后评价阶段

建设项目后评价是工程项目竣工投产、生产经营一段时间后，再对项目的立项决策、设计施工、竣工投产、生产运营全过程进行系统评价的一种技术经济活动。通过建设项目后评价达到肯定成绩、吸取教训、学习经验，最终达到不断提高项目决策水平和投资效果的目的。

2.2 建设项目的划分

基本建设工程项目是一个有机整体，为了有利于建设项目的科学管理和经济核算，将基本建设工程项目由大到小划分为：建设项目、单项工程、单位工程、分部工程、分项工程。

1. 建设项目

建设项目亦称投资项目，是指按一个总体设计或初步设计进行施工的一个或几个单项工程的总体。建设项目在行政上具有独立的组织形式，经济上实行独立核算，并编有计划任务书和总体设计。一个建设项目一般来说由几个或若干个单项工程所构成，也可以是一个独立工程。如一所学校、一个工厂、一座矿山等。

2. 单项工程

单项工程也称工程项目，是建设项目的组成部分。它是指具有独立的设计文件，能够单独组织施工，竣工后可以独立发挥生产设计能力或效益的工程。单项工程是具有独立存在意义的一个完整工程，也是一个复杂的综合体，它是由若干个单位工程组成。如学校中的教学楼、学生宿舍、图书馆等。

3. 单位工程

单位工程是单项工程的组成部分，它是指具有单独的设计文件，能够独立地组织施工，但建成后

不能独立发挥生产能力或效益的建设工程，例如，一幢宿舍楼的一般土建工程、建筑装饰装修工程、给水排水工程、采暖、通风工程等都可以是一个单位工程。

单位工程的工程造价一般由编制单位工程施工图预算或单位工程设计概算确定，是国家政府部门与单位实施工程造价管理的最主要的对象。

4. 分部工程

分部工程是单位工程的组成部分，它是按照建筑物或构筑物的结构部位或主要的工种工程划分的工程分项。如一般土建工程可划分为基础工程、墙体工程、楼地面工程、屋面工程等。

5. 分项工程

分项工程是分部工程的组成部分。它是建筑安装工程的最基本组成要素，也是工程概预算分项中最基本的分项单元。分项工程一般是按选用的施工方法、所使用材料及结构构件的不同等要素划分的，如装饰工程中的地面装饰工程，根据施工方法、材料种类及规格等要素的不同，可进一步划分为大理石、花岗石、预制水磨石、木地板等分项工程。

综上所述，一个建设项目是由一个或几个单项工程组成的，一个单项工程是由几个单位工程组成的，一个单位工程又可以划分为若干个分部工程，一个分部工程又可分成许多分项工程。分项工程是单项工程的最基本构成要素，施工定额和预算定额都是按分项工程甚至更小的子项进行列项编制的，建设项目预算文件的编制也是从分项工程开始，由小到大，分门别类地逐项计算归并为分部工程，再将各个分部工程汇总为单位工程预算或单项工程总预算。

2.3 建筑装饰装修工程预算的分类

按照基本建设阶段和编制依据的不同，建筑装饰装修工程投资文件可分为投资估算、设计概算、施工图预算、施工预算和竣工结（决）算等五种形式。

2.3.1 投资估算

1. 投资估算概述

投资估算是指建设单位在可行性研究阶段和编制设计任务书阶段，由可行性研究主管部门或建设单位对建设项目投资数额进行估算的经济文件。

2. 投资估算作用

（1）国家决定拟建项目是否继续进行研究的依据。

（2）国家审批项目建议书的依据。

（3）国家批准设计任务书的依据。

（4）编制国家中长期规划，保持合理比例和投资结构的依据。

3. 投资估算依据

（1）估算指标。

（2）概算指标。

（3）类似工程预（决）算等资料。

2.3.2 设计概算

1. 设计概算概述

设计概算是指在初步设计阶段，由设计单位根据初步设计或扩大初步设计图纸、概算定额或概算指标、各项费用定额或取费标准等有关资料，预先计算和确定建筑装饰工程费用的文件。

2. 设计概算作用

（1）设计文件的组成部分。

（2）国家确定和控制基本建设投资额的依据。

（3）编制基本建设计划的依据。

（4）控制施工图预算和实行工程包干的基本依据。

（5）选择最优设计方案的重要依据。

（6）建设银行办理工程拨款、贷款和结算、实行财政监督的重要依据。

（7）基本建设投资核算的重要依据。

（8）基本建设进行"两算"对比的依据。

3．设计概算编制依据

（1）初步设计图纸。

（2）概算定额或概算指标。

（3）设备预算价格。

（4）费用定额或取费依据。

（5）建设地区自然、技术经济条件等资料。

4．设计概算内容

（1）概算编制说明。

（2）工程概算表。

（3）主要材料用工汇总表等。

2.3.3　施工图预算

1．施工图预算概述

施工图预算是指在施工图设计完成后，在工程开工之前，由施工单位根据施工图纸计算的工程量、施工组织设计和国家或地方主管部门规定的现行预算定额、单位估价表以及各项费用定额或取费标准等有关资料，预先计算和确定建筑装饰工程费用的文件。

2．施工图预算作用

（1）确定单位工程和单项工程预算造价的依据（投标标底）。

（2）签发施工合同，实行预算包干，进行竣工结算的依据。

（3）办理工程款项、进行拨款决算的依据。

（4）施工企业加强经营管理，搞好经济合作的基础。

3．施工图预算编制依据

（1）施工图纸（已进行完图纸会审）。

（2）施工组织设计（施工方案）。

（3）现行计价规范。

（4）企业定额。

（5）建设地区的自然及技术经济条件等资料。

4．施工图预算内容

（1）预算书封面。

（2）预算编制说明。

（3）工程预算表。

（4）工料汇总表。

（5）图样会审变更通知等。

2.3.4　施工预算

1．施工预算概述

施工预算是在施工阶段，施工单位在施工图预算的控制下，根据施工图计算的工程量、施工定额、单位工程施工组织设计等资料，通过工料分析，预先计算和确定完成一个单位工程或其中的分部工程所需的人工、材料、机械台班消耗量及其相应费用的文件。

2．施工预算作用

（1）签发施工任务单、限额领料、开展定额经济包干、实行按劳分配的依据。

（2）施工企业开展经济活动分析和进行施工预算与施工图预算对比的依据。

（3）施工队向班组下达施工任务书和施工过程中检查和督促的依据。

（4）"两算"对比的依据。

3．施工预算编制依据

（1）施工图计算的分项工程量。

（2）施工组织设计（施工方案）。

（3）施工定额。

（4）现场施工条件。

4．施工预算内容

（1）工程量计算。

（2）人工和材料数量计算。

（3）"两算"对比、对比结果的整改措施等。

2.3.5 竣工结（决）算

1．竣工结（决）算概述

竣工结（决）算是指在工程竣工验收后的结算和决算，竣工结算是以单位工程施工图预算为基础，补充实际工程中所发生的费用内容，由施工单位编制的一种结清工程款项的财务结算。竣工决算是以单位工程的竣工结算为基础，对工程的预算成本和实际成本，或对工程项目的全部费用开支，进行最终核算的一项财务费用清单。

2．竣工结（决）算作用

（1）考核建筑装饰工程概预算完成额和执行情况的最终依据。

（2）作为核算新增固定资产和流动资金价值。

（3）国家或主管部门验收小组验收和交付使用的重要财务成本依据。

3．竣工结（决）算编制依据

（1）预算定额。

（2）现场记录、设计变更通知书、签证。

（3）材料预算价格。

（4）有关取费标准。

（5）承包合同。

在以上五种工程建设投资文件中，设计概算、施工图预算、施工预算是建筑装饰装修工程预算的三个组成部分。

建筑装饰装修工程概预算与建筑装饰装修工程设计阶段之间、工程概算与工程预算之间是互有联系的。因为建筑装饰装修工程概预算是体现建筑装饰装修工程设计本身价值的一份经济文件，是整个建筑装饰装修工程设计文件的一个组成部分。因此，各类建筑装饰装修工程概预算都是与工程的阶段设计图紧密相连的。

2.4 建筑装饰装修工程概预算的编制步骤

2.4.1 建筑装饰装修工程预算编制的准备工作

1．设计图纸的准备

经过有关部门审批后的设计文件，包括：

（1）全套的建筑施工图（建施图）。包括建筑总说明、材料做法表、门窗表及门窗详图、各层建筑平面图、建筑立面图、建筑剖面图（楼梯间剖面、外墙剖面）、屋顶平面图、节点详图等。

（2）全套结构施工图（结施图）。包括结构总说明、各层结构平面图、模板平面图、钢筋配置图、柱梁板详图、结构的节点详图、混凝土工程各部位留洞图等。

（3）装饰装修工程在具体部位的设计图纸。

（4）国家现行的标准图集。

（5）经甲、乙、丙三方对施工图会审签字后的会审记录。

（6）装饰效果图，包括整体效果图和局部效果图。

2．有关资料的准备

开始工程量计算的工作之前，必须将相关资料准备齐全。资料有常用的符号、数据、计算公式、一般通用的及常用的材料技术参数和基础参考资料等。

（1）基本计算手册。平面图形面积、多面体的体积和表面积公式、物料堆体的计算公式、壳体表面积、侧面积的公式。长度、面积、体积单位的换算公式等。

（2）常用建筑材料的性质及数值。包括常用材料和构件的自重、液体平均密度和容量的换算。

（3）设计规范、施工验收规范、质量评定标准、安全操作规程。

2.4.2 计价表、单位估价表、计价规范的准备

1．计价表（即定额）

（1）装饰装修工程消耗量计价表（即定额）是编制装饰工程预算造价的基本法规之一，是正确计算工程量，确定装饰装修分项工程人工、材料、施工机械台班消耗量（或单价），进行工料分析的重要基础资料。要注意的是：必须按工程性质和当地有关规定正确选用计价表，例如，不论施工企业是什么地方的，也不论是何部门主管，在何地承包装饰工程就应该执行该地规定的消耗量定额，地方性的装饰工程不能执行某个行业的装饰计价表，甲行业（专业）的装饰工程不能按乙行业的消耗量计价表执行等。

（2）装饰装修工程是个综合性的艺术创作，整个装饰工程不可能按某一种计价表执行，应根据装饰内容不同执行相应项目规定的计价表。例如《全国统一建筑装饰装修工程消耗量定额》（即国家的计价规范）总说明中规定："卫生洁具、装饰灯具、给排水及电气管道等安装工程均按《全国统一安装工程预算定额》（GYD GZ201—2000）的有关项目执行；与《全国统一建筑工程基础定额》（GYD 201—2000）相同的项目，均以《全国统一建筑装饰装修工程消耗量定额》（GYD 901—2002）的工程项目为准，未列项目（如找平层、垫层等），则按《全国统一建筑工程基础定额》（GYD 201—2000）相应项目执行。"总之，要按定额的适用范围，结合工程项目内容，执行规定的定额。

（3）施工企业投标报价，应执行本企业编制的企业定额（施工定额）。

2．单位估价表

有的地区执行单位估价表，单位估价表也称地区单位估价表，它是根据地区的消耗量定额、建筑装饰工人工资标准、装饰材料价格和施工机械台班价格编制的，以货币形式表达的分项（子项）工程的单位价值。单位估价表是地区编制装饰工程施工图预算的最基本的依据之一。

3．工程量清单计价规范

为适应市场经济体制的要求，规范建筑装饰装修工程量清单计价行为，维护招标人与投标人的合法权益，建设部于2003年2月17日发布《建设工程工程量清单计价规范》（GB 50500—2003），它是建筑装饰装修工程实行工程量清单计价的依据。建筑装饰装修工程也可按各省、自治区、直辖市结合本地区实际情况制定的实施细则作为工程量清单计价的依据。

2.4.3 招标文件及施工组织设计资料的准备

1．招标文件

招标文件是发包方实施工程招标的重要文件，也是投标单位编制标书的主要依据。它规定了发包工程范围、工程综合说明、工程量清单、结算方式、材料质量、供应方式、工期和其他相关要求等，这些都是计算工程造价必不可少的依据。

2．施工组织设计

建筑装饰装修工程施工组织设计具体规定了装饰工程中各分项工程的施工方法、施工机具、构配件加上方式、技术组织措施和现场平面布置图等内容。它直接影响整个装饰工程的预算造价，是计算工程量、选套消耗量定额或单位估价表和计算其他费用的重要依据。

2.4.4 材料价格信息及现行建筑经济文件的准备

1. 材料价格信息

装饰材料费在装饰工程造价中所占比重很大，而且装饰装修新型材料不断涌现，价格也随时间起伏颇大。为了准确反映工程造价，目前各地工程造价管理有关部门均定期发布建筑装饰装修材料市场价格信息，以便确定装饰装修工程中的主要材料价格，计算综合单价的材料费。

在市场机制并不规范又要由市场定价的条件下，建筑装饰材料价格信息尤为重要，可以这样说，材料价格信息对装饰装修工程造价具有导向性的作用。

2. 现行的建筑经济文件

现行的建筑经济文件对预算价格影响很大，所以在编制预算书前，必须充分了解现行的建筑经济文件及其法规的内容。

2.4.5 装饰装修工程预算编制阶段

（1）计算建筑面积。首先按照现行的建筑面积计算规范计算建筑面积。

（2）确定工程量的计算项目。装饰工程预算编制的过程中，项目的划分极其重要，它可使工程量计算避免漏项和重项，使工程造价更准确。

列工程量计算项目时一般有两种方法。

1）对施工过程和定额比较熟悉，根据图纸按分部工程和分项工程顺序，从定额子目顺序中查找列出子目。

2）对施工过程和定额很熟悉，根据图纸按施工过程列出相应发生的分部分项工程项目。

（3）计算工程量。正确计算工程量是准确编制施工图预算的基础。因此，需注意正确划分计算的分部分项工程项目和计算工程量。

（4）套计价表、汇总——得预算书。

（5）计算装饰装修工程预算造价。取费、工料分析、调价差等造价调整——取费表、工料分析汇总表、价差表。

（6）编制主要材料汇总表。主要统计工程中的主要消耗材料的理论用量，以便材料采购、备料。

（7）编写预算书编制说明。编制说明主要由编制依据、工程地点、施工企业资质等内容组成。

（8）复核、装订、签章和审批。

 复习思考题

1. 建设项目从大到小是如何划分的？怎样区分？
2. 基本建设程序分几个阶段？
3. 简述建筑装饰装修工程预算的编制步骤。
4. 施工图预算和施工预算的概念及编制的方法是什么？
5. "两算"对比的意义是什么？

课题三　建筑装饰工程计价表（定额）

3.1　建筑装饰工程计价表（定额）的概念及性质

3.1.1　计价表（定额）的概念

《（某省）建筑与装饰工程计价表》是指在正常的施工条件下，为完成质量合格的单位产品所消耗在装饰装修工程基本构造要素上的人工、材料和机械的数量标准及费用额度。它除了规定各种资源和资金的消耗量外，还规定了应完成的工作内容、达到的质量标准和安全要求。

建筑装饰工程计价表是由国家主管机关或被授权单位编制并颁发的一种权威性技术经济指标，是建筑装饰工程造价计算必不可少的计价依据。它反映在一定的社会生产力发展水平下，完成某项建筑装饰工程的各种生产消耗之间的数量关系。

3.1.2　计价表（定额）的性质

建筑装饰工程计价表（定额）具有以下性质。

1. 计价表（定额）的科学性

建筑装饰装修工程计价表（定额）是装饰装修工程进入科学管理阶段的产物，它是在认真研究基本经济规律、价值规律的基础上，应用科学的方法，经过长期的观察、测定，广泛搜集和总结生产实践经验及有关的资料，对工时分析、操作动作、现场布置以及施工技术与组织的合理配置等方面，进行科学的综合分析研究后制定的。计价表（定额）的制定尊重客观实际，并为贯彻提供依据，具有一定的科学性。

2. 计价表（定额）的指导性

随着我国建设市场的不断成熟和规范，建筑装饰装修工程计价表（定额）尤其是统一定额原具备的法令性特点逐渐弱化，转而成为对整个建筑装饰装修市场和具体装饰装修产品交易的指导作用。

计价表（定额）的指导性主要体现在两个方面：

（1）规范装饰装修市场的交易行为。在具体的装饰装修产品定价过程中，建筑装饰装修工程计价表（定额）作为国家各地区和行业颁布的指导性依据，可以起到相应的参考性作用，从而规范装饰装修市场的交易行为。同时，统一定额还可作为政府投资项目定价以及造价控制的重要依据。

（2）在现行的工程量清单计价方式下，承包商报价的主要依据是企业定额，但企业定额的编制和完善仍然离不开统一定额的指导。

3. 计价表（定额）的相对稳定性与时效性

一定时期的计价表（定额），反映一定时期的构件工厂化、施工机械化和预制装配化程度以及工艺、材料等建筑技术发展水平，是相对稳定的。随着科学技术的进步，社会生产力的发展，当原有的定额已不适应生产需要时就要对它进行修改和补充。这就需要制定符合新的生产技术水平的计价表（定额）或补充计价表（定额），所以，计价表（定额）既有一定的稳定性，又有时效性。

4. 计价表（定额）的群众性

建筑装饰装修工程计价表（定额）的制定和执行，具有广泛的群众基础。建筑装饰装修工程定额水平主要取决于建筑装饰工人的劳动生产力水平，是装饰装修行业群众生产技术水平的综合反映；定额的编制，是在职工群众直接参与下进行的，使得定额既能从实际出发，又能把国家、企业、个人三者的利益结合起来。定额在执行时，也必须在广大职工充分理解和掌握的条件下，依靠群众积极主动地完成各项定额指标。

3.2　建筑装饰工程计价表（定额）的分类及组成

3.2.1　建筑装饰工程计价表（定额）分类

建筑装饰工程计价表（定额）的种类很多，根据内容、形式、用途和使用范围的不同，可分为以下几类。

3.2.1.1　按生产要素划分

物质资料生产的三要素是劳动者、劳动手段和劳动对象。劳动者是指生产工人，劳动手段是指生产工具和机械设备，劳动对象是指材料、半成品和构配件。按此三要素定额可划分为劳动消耗定额、材料消耗定额和机械台班消耗定额三种。

（1）劳动消耗定额。简称为劳动定额（也称人工定额），是指完成一定的合格产品所规定活劳动消耗的数量标准。

（2）材料消耗定额。简称为材料定额，是指在正常装饰施工条件和节约、合理使用装饰材料的条件下，完成质量合格的单位产品所必须消耗的一定品种规格的材料、成品、半成品、构配件、燃料以及水、电等动力资源的数量标准。

（3）机械台班消耗定额。又称为机械台班定额，是指为完成一定质量合格的产品所消耗的施工机械台班的数量标准。

3.2.1.2 按计价表（定额）的编制程序与用途分类

建筑装饰工程计价表（定额）按工程用途可分为施工定额、预算定额、概算定额、概算指标、投资估算指标等五种。

1. 施工定额

施工定额是以同一性质的施工过程为测定对象，规定在正常的施工条件下，为完成单位合格产品所必须消耗的人工、材料和机械台班的数量标准。施工定额是施工企业组织生产和加强管理，在企业内部使用的一种定额，属于企业定额的性质，是建筑装饰装修工程定额中的基础性定额。它由劳动定额、机械定额和材料定额三个相对独立的部分组成。

2. 预算定额

预算定额是指在正常的施工条件下，为完成一定计量单位的分项工程或结构构件所需消耗的人工、材料、机械台班的数量标准。包括劳动定额、机械台班定额、材料消耗定额三个基本部分，是一种计价性定额，是计算标底和确定报价的主要依据。

3. 概算定额

概算定额是指在正常的施工条件下，为完成一定计量单位的扩大结构构件、扩大分项工程或分部工程所需消耗的人工、材料、机械台班的数量标准。概算定额一般是在预算定额的基础上综合扩大而成的，每一综合分项概算定额都包含了数项预算定额。用以编制概算，进行设计方案经济比较；也可作为编制主要材料申请计划的依据。

4. 概算指标

概算指标是以建筑物或构筑物为研究对象，按一定单位计量所规定的人工、材料、机械台班的消耗指标和造价指标。概算指标一般是在概算定额和预算定额的基础上编制的，比概算定额更加综合扩大。

5. 投资估算指标

投资估算指标是在项目建议书和可行性研究阶段编制投资估算、计算投资需用量时使用的一种定额。它往往以独立的单项工程或完整的工程项目为计算对象，编制内容是所有项目费用之和。投资估算指标往往根据历史的预、决算资料和价格变动等资料编制，但其编制基础仍然离不开预算定额、概算定额。

3.2.1.3 按照主编单位和执行范围划分

按主编单位及执行范围可分为全国统一定额，地区统一定额，企业定额，补充定额。

1. 全国统一定额

是由国家建设行政主管部门，综合全国工程建设中技术和施工组织管理的情况编制，并在全国范围内执行的定额。如《全国建筑安装工程统一劳动定额》（GYD 201—2000）。

2. 地区统一定额

包括省、自治区、直辖市定额。是由国家授权地方主管部门参照全国定额的水平，考虑地区性特点作适当调整和补充编制的。如各省编制的定额。

3. 企业定额

是指由施工企业考虑本企业具体情况，参照国家、部门或地区定额的水平制定的定额。针对现行的定额项目中的缺项和与国家定额规定条件相差较远的项目可编制企业定额，经主管部门批准后执行。

4. 补充定额

是指随着设计、施工技术的发展，现行定额不能满足需要的情况下，为了补充缺陷所编制的定额。补充定额只能在指定的范围内使用，可以作为以后修订定额的基础。

3.2.2 建筑装饰工程计价表（定额）组成

3.2.2.1 建筑装饰工程施工定额

3.2.2.1.1 建筑装饰工程施工定额概述

1. 施工定额的概念

建筑装饰施工定额是以同一性质的施工过程或工序为测定对象，在正常的施工条件下，为完成一定计量单位的某单位施工过程或工序所需人工、材料和机械台班等消耗的数量标准。施工定额包括劳动定额、材料消耗定额和机械台班消耗定额。

2. 施工定额的作用

（1）编制施工组织设计、制定施工作业计划和确定人工、材料及机械需求计划的依据。

（2）装饰施工企业编制施工预算，进行供料分析和"两算"对比的依据。

（3）施工队向工人班组签发施工任务书、限额领料单的依据。

（4）计算工人劳动报酬和奖励、实行按劳分配的依据。

（5）编制装饰预算定额的依据。

3. 建筑装饰工程施工定额的编制

（1）施工定额的编制原则。

1）平均先进的原则。定额水平是对定额消耗量的高低、松紧程度的描述。指规定消耗在单位装饰工程产品上的人工、材料和机械台班数量的多少。所谓平均先进水平，就是在正常施工条件下，多数企业或个人努力能够达到或超过，少数落后的企业或个人经过努力也能接近的水平。

2）实事求是的原则。定额来源于生产实践，又用于组织生产。因此，在定额的编制过程中，除要进行全面的比较和反复平衡外，还要本着实事求是的原则，深入实际，调查各项影响因素，注意挖掘企业的潜力，考虑在现有的技术条件下能够达到的程度，经过科学分析、计算和试验，编制出切合实际的，不完全局限于劳动定额和预算定额水准的施工定额。

3）简明适用的原则。施工定额是要直接在工人群众中执行的。这就要求它的内容和形式要方便于定额的执行和使用，做到简明适用，灵活方便，通俗易懂，便于掌握和使用。使得划分的定额项目少而全，严密明确，简明扼要，粗细适度。

4）专群结合，以专为主的原则。定额的编制具有很强的技术性、政策性和经济性。这就要求施工定额的编制应由专门的机构和人员组织负责、协调指挥、掌握方针政策、制定编制方案，以专门的机构和专业人员把握方针政策，做好积累、分析、整理、测定、管理、编制、颁发和执行等工作；还要专群结合，了解定额在执行过程中的情况和存在的问题。

（2）施工定额的编制依据。

1）现行的建筑装饰工程劳动定额、材料消耗定额和机械台班消耗定额。

2）现行的建筑装饰工程施工验收规范、质量检验评定标准、技术安全操作规程。

3）现场测定的定额资料和有关的统计数据。

4）建筑装饰工人技术等级标准。

5）有关建筑装饰标准设计构配件图集，典型设计图纸。

（3）施工定额编制的方法和步骤。

1）施工定额编制方法通常采用的是实物法，即施工定额分项由劳动消耗定额、材料消耗定额、机械台班消耗定额三部分实物指标组成。

2）施工定额项目一般是按具体内容和功效差别，采用按施工方法划分；按构件类型及形体划分；按建筑材料的品种和规格划分；按不同的构件做法和质量划分；按工作高度划分等。

3）定额项目计量单位要能够最确切地反映工日、材料以及建筑产品的数量，便于工人掌握，应尽可能同建筑产品的计量单位一致并采用他们的整数倍为定额单位。

4）施工定额册、章、节的编排主要是依据劳动定额编制的，故其册、章、节的编排与劳动定额

编排类似。

3.2.2.1.2 建筑装饰工程劳动定额

1. 劳动定额的概念

劳动定额也称人工定额。它是表示建筑装饰装修工人劳动生产率的一个先进合理的指标，反映的是装饰装修工人劳动生产率的社会平均先进水平，是施工定额的重要组成部分。

2. 劳动定额的表现形式

劳动定额的表现形式可分为时间定额和产量定额。

（1）时间定额。时间定额是指在正常装饰装修施工条件（生产技术和劳动组织）下，工人为完成单位合格装饰产品所必须消耗的工作时间。时间定额以"工日"为单位，如工日/ m³，工日/m²，工日/m 等。每个工日工作时间，按现行制度规定为 8h。

时间定额计算公式如下

$$单位产品时间定额（工日）=\frac{1}{每单位工日完成的产量（每工产量）}$$

$$或单位产品时间定额（工日）=\frac{小组成员工日数总和}{台班产量（班组完成产品数量）}$$

（2）产量定额。产量定额是指在正常装饰装修施工条件和合理使用材料的条件下，工人在单位时间内完成合格装饰装修产品的数量。

产量定额的计量单位，通常是以一个工日完成合格产品的数量表示，如 m³/工日，m²/工日，m/工日等。

产量定额计算公式如下

$$每工产量=\frac{1}{单位产品时间定额}$$

$$台班产量=\frac{小组成员工日数总和}{单位产品时间定额}$$

（3）时间定额与产量定额的关系。

时间定额与产量定额互为倒数关系，即

$$时间定额×产量定额=1$$

3. 劳动定额的作用

（1）建筑施工企业内部组织生产，编制施工作业计划和施工组织设计的依据。

（2）签发施工任务书，计算工资的依据。

（3）企业内部实行经济核算，计算内部承包价格的依据。

（4）编制企业定额的依据。

4. 劳动定额的应用

时间定额与产量定额，分别以不同的形式表示同一个劳动定额，有不同的用途：时间定额是以工日为计量单位，便于计算某分项（部）工程所需的总工日和编制施工进度计划；产量定额是以产品数量为计量单位，便于施工小组分配任务，考核工人劳动生产率。

3.2.2.1.3 材料消耗定额

1. 概念

材料消耗定额是指在正常装饰装修施工条件和节约、合理使用装饰材料的条件下，完成质量合格的单位产品所必须消耗的一定品种规格的材料、成品、半成品或配件等的数量标准。

2. 材料消耗的分类

（1）非周转性材料消耗。非周转性材料也称直接性消耗材料，它是指在建筑工程施工中，一次性消耗并直接用于工程实体的材料。如面砖、砂、石、水泥砂浆等。非周转性材料是通过现场技术测定、实验室试验、现场统计和理论计算等方法确定材料净用量定额和材料损耗定额数据的。

（2）周转性材料消耗。周转性材料是指在施工中不是一次性消耗的材料，它是随着多次使用而逐渐消耗的材料，并在使用过程中不断补充，多次重复使用。例如各种脚手架、支撑、活动支架等。

3. 非周转性材料消耗量的确定

非周转性材料消耗量可分成两部分：一部分是直接用于建筑装饰工程的材料，称为材料净用量。另一部分是生产操作过程中不可避免的施工废料和不可避免的材料损耗，称为材料损耗量。

$$材料消耗定额＝材料消耗净用量定额＋材料损耗量定额$$

或

$$材料总消耗量＝材料净用量＋材料损耗量$$

在建筑装饰工程施工生产的实际工作中，材料损耗量与材料总消耗量之比，即为材料损耗率。

$$材料损耗率＝\frac{材料消耗量}{材料总消耗量}×100\%$$

$$材料损耗量＝材料总消耗量×材料损耗率$$

$$材料消耗量＝材料净用量×（1＋材料损耗率）$$

实际计算时，材料损耗率通常按工程施工过程中的损耗情况进行统计。

【例 1 - 1】 采用 1∶1 水泥砂浆贴 150mm×150mm×5mm 釉面砖，结合层厚度为 10mm，灰缝宽度为 5mm，釉面砖损耗率为 1.5%，砂浆的损耗率为 1%，试计算 100m² 墙面釉面砖和砂浆的总消耗量。

解：

$$每 100m² 釉面砖墙中釉面砖净用量＝\frac{100}{(0.15＋0.005)×(0.15＋0.005)}＝4167（块）$$

$$釉面砖总消耗量＝4167×(1＋1.5\%)＝4230（块）$$

$$每 100m² 墙面中结合层砂浆净用量＝100×0.01＝1（m³）$$

$$每 100m² 墙面中灰缝砂浆净用量＝(100－4230×0.15×0.15)×0.005＝0.024（m³）$$

$$每 100m² 墙面中砂浆总消耗量＝(1＋0.024)×(1＋1\%)＝1.034（m³）$$

4. 周转性材料消耗量的确定

周转性材料消耗量，应当按照多次使用，分期摊销计算。

（1）现浇构件模板用量计算。

1）材料一次使用量是指周转性材料在不重复使用条件下的一次性用量。

$$一次使用量＝单位混凝土构件模板接触面积×单位接触面积模板用量×（1＋损耗率）$$

2）材料周转使用量。一般按材料周转次数和每次周转应发生的补损量等因素，计算生产一定计量单位的结构构件的材料周转使用量。

$$周转使用量＝\frac{一次使用量＋[一次使用量×（周转次数－1）×补损率]}{周转次数}$$

$$＝一次使用量×\frac{1＋（周转次数－1）×补损率}{周转次数}$$

$$＝一次使用量×K_1$$

式中　K_1——周转使用系数。

$$K_1＝\frac{1＋（周转次数－1）×补损率}{周转次数}$$

3）材料摊销量。周转性材料在重复使用条件下，应分摊到每一计量单位结构构件的材料消耗量。

$$摊销量＝一次使用量×\left[K_1－\frac{（1－补损率）×回收折旧率}{周转次数×（1＋间接费率）}\right]$$

$$＝一次使用量×K_2$$

式中　K_2——摊销系数。

$$K_2＝K_1－\frac{（1－补损率）×回收折旧率}{周转次数×（1＋间接费率）}$$

（2）预制构件模板计算。预制构件模板由于使用过程损耗很少，可以不考虑每次周转补损，直接按多次使用平均分摊的办法计算。其计算公式为

$$摊销量＝\frac{一次使用量}{周转次数}$$

（3）脚手架主要材料用量计算。脚手架所用钢管、脚手架板等，定额按摊销量计算。

$$摊销量＝一次使用量×（1－残值率）×使用期限/耐用期限$$

【例1-2】 预知钢筋混凝土过梁按选定的设计图纸，每10m³模板的接触面积为88m²，每10m²所需模板用量为0.1074m³，模板周转次数为30次，损耗率为5%，试计算其摊销量。

解：

$$一次使用量＝88×0.1074×1.05＝9.924（m³）$$
$$摊销量＝9.924/30＝0.331（m³）$$

5. 材料消耗定额的制定

材料消耗定额的制定方法有观察法、实验法、统计法、计算法等。

观察法是指在施工现场合理使用装饰材料的条件下完成合格单位装饰产品所消耗材料的实测方法。

实验法是实验室内通过专门的仪器进行试验和测定数据确定装饰材料消耗定额的一种方法。这种方法测定的数据精确度高，适用于测定混凝土、砂浆、沥青膏、油漆、涂料等材料的消耗定额。

统计法是指在装饰施工过程中，通过对各类以已完成的装饰分部分项工程拨付的材料数量为依据，进行统计，整理，分析，计算，以确定装饰材料消耗定额的方法。

计算法是根据施工设计图和其他技术资料，用理论计算公式计算材料耗用量而确定材料消耗定额的方法。计算时应考虑装饰材料的合理损耗。这种方法适用于确定板、块类材料的消耗定额。

3.2.2.1.4 机械台班消耗定额

机械台班消耗定额，是指施工机械在正常的装饰装修施工条件下和合理的劳动组织条件下，完成单位合格产品所必需的工作时间（台班），或在单位台班应完成合格产品的数量标准。

1. 机械台班的表现形式

机械台班消耗定额有两种表现形式，即机械时间定额和机械产量定额。

（1）机械时间定额。机械时间定额是指在正常装饰装修施工条件下，在合理的劳动组织和合理使用机械的前提下，某种施工机械完成单位合格装饰产品所必须消耗的工作时间，包括有效工作时间、不可避免的中断时间和不可避免的空转时间等。时间定额的单位是"台班"，一个台班是一台机械工作8h。

（2）机械产量定额。机械产量定额是指在正常的装饰装修施工条件下，在合理的劳动组织和合理使用机械的前提下，某种施工机械在每个台班时间内，必须完成合格装饰装修产品的数量标准。

机械时间定额与机械产量定额互为倒数。

2. 确定机械台班定额消耗量的基本方法

（1）确定正常的施工条件。主要是拟定工作地点的合理组织和合理的工人编制。施工现场的合理组织，是指对机械的放置位置、工人的操作场地等做出合理的布置，最大限度地发挥机械的工作性能。

合理的工人编制，通过计时观察、理论计算和经验资料来确定。拟定的工人编制，应保持机械的正常生产率和工人正常的劳动效率。

（2）确定机械1h纯工作的正常生产率。是指在正常施工组织条件下，具有必需的知识和技能的技术工人操作机械1h的生产率。工作时间能生产的产品数量以及工作时间的消耗，可以通过多次现场观测并参考机械说明书确定。

（3）确定施工机械的正常利用系数。是机械在工作班内对工作时间的利用率。机械的利用系数和

机械在工作班内的工作状况有着密切的关系，所以，应首先拟定机械工作班内的正常工作状况，保证合理利用工时。

(4) 计算施工机械台班定额。

$$施工机械台班产量定额＝机械（1h）纯工作正常生产率×工作班纯工作时间$$

或

$$施工机械台班产量定额＝机械（1h）纯工作正常生产率×工作班延续时间×机械正常利用系数$$

$$施工机械时间定额＝\frac{1}{机械台班产量定额}$$

$$机械台班产量定额＝\frac{1}{施工机械时间定额}$$

3.2.2.2 建筑装饰工程计价表（预算定额）

3.2.2.2.1 建筑装饰工程计价表（预算定额）概述

1. 建筑装饰工程计价表（预算定额）的概念

建筑装饰工程计价表（预算定额）是在指正常的装饰施工组织条件下，规定完成一定计量单位的装饰分项工程的人工、材料、机械台班消耗量的标准。

2. 建筑装饰工程计价表（预算定额）的作用

(1) 编制装饰施工图预算的依据，也是确定装饰工程造价的主要依据。

(2) 装饰工程投标中，确定标底和投标报价的依据。

(3) 对装饰设计方案，进行技术分析、评价的依据。

(4) 编制施工组织设计，确定人工、材料、机械台班用量的依据。

(5) 施工企业与建设单位办理工程结算的依据，也是施工企业进行经济核算的基础。

(6) 编制装饰概算定额及概算指标的基础资料。

3.2.2.2.2 预算定额的编制

1. 预算定额的编制原则

(1) 必须全面贯彻执行国家有关基本建设的方针和政策。依照国家的方针政策和经济发展的要求，统一制定预算定额的编制原则和方法，组织预算定额的编制和修订，颁布有关规则。保证建筑装饰产品具有统一的计价依据，同时也使考核设计和施工的经济效果具有统一的尺度。

(2) 必须按平均水平确定装饰预算定额。装饰预算定额（即装饰工程计价表）是确定装饰产品预算价格的工具，其编制应遵守价值规律的客观要求，按照产品生产中所消耗的社会必要劳动量来确定其消耗指标，即在正常的施工条件和平均技术条件下，以社会平均的技术熟练程度和平均的劳动强度，确定完成单位合格产品所需要的劳动消耗量，即社会必要劳动时间的平均水平。因此，装饰工程预算定额的水平应当是社会必要劳动量的平均水平。

(3) 必须体现简明适用的原则。预算定额中所列工程项目必须满足施工生产的需要，便于计算工程量。每个定额子目的划分要恰当才能使用，预算定额编制中，对施工定额所划分的工程项目要加以综合或合并，尽可能减少编制项目。编制装饰定额时应尽量减少留活口，减少定额的换算、为适应装饰工程的特点，装饰预算定额也应有一定的灵活性，允许按设计及施工的具体要求进行调整。

编制预算定额时，分项工程计量单位的选定，要考虑简化工程量的计算和便于人工、材料、机械台班消耗量的计算。

2. 预算定额的编制依据

(1) 现行国家建筑装饰工程施工及验收规范、质量标准、技术安全操作规程和有关装饰标准图。

(2) 现行全国统一建筑装饰工程劳动定额、机械使用台班定额和材料消耗定额。

(3) 通用的标准设计、设计规范、施工及验收规范、技术操作规程、质量评定标准和安全操作规程。

(4) 国家和各地区以往颁发的预算定额及基础资料。

（5）新技术、新材料、新结构和先进经验资料等。

（6）施工现场测定资料、实验资料和统计资料。

3. 预算定额的编制步骤

建筑装饰工程预算定额的编制一般要经过准备、编制初稿、修改和审查定稿三个阶段。

4. 预算定额分项消耗指标的确定

（1）人工消耗指标的确定。装饰工程预算定额中的人工消耗量，是指完成规定计量单位的装饰分项工程所必需的各个工序用量之和，包括基本用工和其他用工。定额人工工日消耗量的表现形式为：不分工种和技术等级，一律以综合工日表示。

$$人工工日消耗量＝基本用工＋其他用工$$

$$其他用工＝辅助用工＋超运距用工＋人工幅度差$$

$$人工幅度差＝（基本用工＋辅助用工＋超运距用工）×10\%$$

（2）材料消耗指标的确定。列出各主要材料名称和消耗量；对一些用量很小的次要材料，可合并成一项，按"其他材料费"，以金额"元"来表示，但占材料总价值的比重不能超过 2\%～3\%。

（3）机械台班消耗量的确定。列出各种主要机械名称，消耗定额以"台班"表示；对于一些次要机械，可合并成一项，按"其他机械费"，直接以金额"元"列入定额表。

$$计算机械台班消耗量＝施工定额中台班用量＋机械幅度差$$

3.2.2.2.3 预算定额的组成

装饰工程预算定额是编制装饰施工图预算的主要依据。建筑装饰工程预算定额的组成和内容一般包括：建筑装饰工程预算定额总说明；建筑面积的计算规则；分部分项工程（章）定额的说明及计算规则；定额项目表；定额附录等。

1. 建筑装饰工程预算定额总说明

在总说明中，主要阐述预算定额的用途和适用范围，预算定额的编制原则和依据，定额中已考虑和未考虑的因素，使用中应注意的事项和有关问题的规定。

2. 建筑面积的计算规则

建筑面积是计算单位平方米取费或工程造价的基础，是分析建筑装饰工程技术经济指标的重要依据，是计划和统计的指标依据。必须根据国家有关规定（有些省还有补充规定），对建筑面积的计算作出统一规定。

3. 分部分项工程（章）定额的说明及计算规则

现行建筑装饰工程预算定额将装饰单位工程按其性质不同、部位不同、工种不同和材料不同等因素，划分为一下七个分部工程：楼地面工程，墙柱面工程，天棚工程，门窗工程，油漆、涂料、裱糊工程，其他工程和垂直运输。分部以下按工程性质、工作内容及施工方法、使用材料不同等，分成若干节等，如楼地面工程分为整体面层、块料面层和其他面层等。在节以下再按材料类别、规格等不同分成若干项目或子目。如楼地面工程块料面层又分为大理石面层、花岗岩面层、预制水磨石面层、陶瓷锦砖面层、水泥方块面层等。

分部分项工程（章）包括了定额项目内容和子目数量。各定额项目工程量的计算规则，定额内综合的内容及允许和不允许换算的界限及特殊规定。使用本分部分项工程（章）允许增减系数范围规定。

4. 定额项目表

定额项目表包括分项工程定额编号（子目录）及定额单位。以各分部工程归类，又以若干不同的分项工程（子目）排列的项目表，它是定额的核心内容。

有的定额表下面还列有与本节定额有关的说明和附注。说明设计与本定额规定不符时如何调整，以及说明其他应明确的但在定额总说明和分部说明不包括的问题。

5. 定额附录

装饰预算定额内容最后一部分是附录或称为附表，是配合本定额使用不可缺少的组成部分。一般包括装饰工程各种材料成品或半成品场内运输及施工操作损耗率表、装饰砂浆配合比表，常用的建筑装饰材料名称及规格、表观密度换算表，材料、机械综合取定的预算价格表等。它是定额换算和编制补充定额的基本依据，同时也为施工企业备料提供参考资料。

3.2.2.2.4　定额项目的补充

施工图纸中的某些工程项目，由于采用了新结构、新材料和新工艺等原因，在编制预算定额时尚未列入，也没有类似的定额项目可借鉴。在这种情况下，必须编制补充定额项目，报请工程造价管理部门审批后执行。当采用补充定额时，应在定额编号内填写一个"补"字。

3.2.2.3　概算定额与概算指标

3.2.2.3.1　概算定额概述

1. 概算定额的概念

装饰工程概算定额是在装饰预算定额基础上，根据有代表性的装饰工程、通用图集和标准图集等资料进行综合扩大而成的一种定额。确定一定计量单位的扩大装饰分部分项工程的人工、材料、机械的消耗数量指标和综合价格。它是预算定额基础上的综合和扩大，因此亦称为扩大结构定额。

2. 概算定额的作用

（1）概算定额是初步设计阶段编制装饰设计概算、技术设计阶段编制修正概算的主要依据。

（2）概算定额是编制主要装饰材质消耗量的基础。

（3）概算定额是装饰工程设计方案进行技术经济比较的依据。

（4）概算定额是确定装饰工程审计方案招标标底、投标报价的依据。

（5）概算定额是编制建筑装饰概算指标的依据。

3.2.2.3.2　概算定额的编制

1. 概算定额的编制原则

（1）按平均水平确定装饰概算定额。

（2）必须全面贯彻国家的方针、政策。

（3）必须体现简明适用的原则。为了事先确定工程造价，控制项目投资，概算定额要尽量少留活口或不留活口。

2. 概算定额的编制依据

（1）现行国家建筑装饰工程施工及验收规范、质检标准、技术安全操作规程和有关装饰标准图。

（2）全国统一建筑装饰工程预算定额及各省、市、自治区、直辖市现行装饰预算定额或单位估价表。

（3）现行有关设计资料（各种现行设计标准规范；各种装饰通用标准图集；构件、产品的定型图集；其他有代表性的设计图）。

（4）现行的人工工资标准、材料预算价格、机械台班预算价格、其他有关设备及构配件等价格资料。

（5）新材料、新技术、新结构和先进的经验资料等。

3.2.2.3.3　概算定额的内容

1. 概算定额内容

概算定额主要由文字说明和定额项目表组成。

概算定额中的文字说明包括：定额总说明，建筑面积计算的规则和分章说明。总说明中主要包括概算定额的编制依据、内容和作用，使用范围和执行中应遵守的规定。分章说明中主要内容是各章、节使用说明的工程量计算规则以及所包括的定额项目和工程项目等。

2. 概算定额项目表

概算定额项目表是整个定额手册中的核心内容，它由表头、项目指标表和附注三个部分组成。

3.2.2.3.4 概算指标

1. 概算指标的概念

概算指标是在概算定额基础上的综合、扩大，介于概算定额和投资估算指标之间的一种定额。它是以建筑物或构筑物为对象，按一定单位计量规定所需人工、材料、机械消耗和资金数量，较概算定额更综合扩大。在建筑工程中，一定计量单位，通常按完整的建筑物或构筑物以"100m²"、"1000m³"或"座"为计量单位。

2. 概算指标的作用

（1）概算指标是指编制初步设计概算，确定工程概算造价的依据。

（2）概算指标设计单位进行设计方案的技术经济分析，衡量设计水平，考核投资效果的标准。

（3）概算指标是建设单位编制基本建设计划，申请投资拨款和主要材料计划的依据。

（4）概算指标是建设单位编制估算指标的依据。

3. 概算指标的编制依据

（1）现行的标准设计，各类工程的典型设计和有代表性的标准设计图纸。

（2）国家颁布的建筑标准、设计规范、施工技术验收规范和有关技术规定。

（3）现行预算定额、概算定额、补充定额和有关的费用定额。

（4）地区工资标准、材料预算价格和机械台班预算价格。

（5）国家颁布的工程造价指标和地区的造价指标。

（6）典型工程的概算、预算、结算和决算资料。

（7）国家和地区现行的基本建设政策、法令和规章等。

4. 概算指标的内容

概算指标的内容包括总说明、结构特征及指标参照和概算指标表三部分。

（1）总说明：它主要从总体上说明概算指标的作用、编制依据、适用范围和使用方法等。

（2）结构特征及指标参照：结构特征主要对工程的结构形式、层高、层数和建筑面积等作进一步说明。

（3）概算指标表：概算指标表又称经济指标表，是概算指标的核心内容。主要说明该项目每100m²、每座或每10m的造价指标及其中各单位工程的相应造价。

5. 概算指标的表现形式

概算指标的表现形式有两种，分别是综合概算指标和单项概算指标。

（1）综合概算指标。综合概算指标是指按建筑类型而制定的概算指标。综合概算指标的概括性较大，其准确性和针对性不够精确，会有一定幅度的偏差。

（2）单项概算指标。单项概算指标是指为某一建筑或构筑物而编制的概算指标。单项概算指标的针对性较强，编制出的概算比较准确。

3.3 人工、材料、机械台班单价的确定

建筑装饰工程造价的高低，不仅取决于建筑装饰工程预算定额中人工、材料和机械台班消耗量的大小，同时还取决于各地区建筑装饰行业人工单价、材料单价和机械台班单价的高低。

因此，正确确定人工单价、材料单价和机械台班单价，是计算建筑装饰工程造价的重要依据。

3.3.1 人工单价的计算

人工单价亦称人工工日单价。它是指一个建筑装饰工人一个工作日在预算中应计入的全部人工费用。它基本上反映了建筑安装工人的工资水平和一个建筑安装工人在一个工作日中可以得到的报酬。

人工费在工程成本中的地位仅次于材料费，虽然其所占比例远低于材料费，但对工程价格的影响却很关键，并呈较为复杂的状态。人工费的多少取决于用工量和人工单价。由于建筑装饰工程施工的

手工劳动量大，用工多，故人工费支出较多。人工单价取决于劳动生产率和国家的分配政策、劳动生产率高，用工省，则人工单价高；国家的分配总趋势也是以人工费逐渐提高来改善人民生活，故使人工单价呈现逐渐提高趋势。

3.3.1.1 人工单价的构成及组成内容

人工单价的构成在各地区、各部门不完全相同，其基本构成为：

（1）基本工资。基本工资指发放给生产工人的基本工资，包括岗位工资、技能工资和年终工资。它与工人的技术等级有关，一般来说，技术等级越高，工资也越高。

（2）工资性补贴。工资性补贴指为了补偿工人额外或特殊的劳动消耗及为了保证工人的工资水平不受特殊条件影响，而以补贴形式发放给工人的劳动报酬，它包括按规定标准发放的物价补贴，煤、燃气补贴，交通费补贴，住房补贴，工资附加，流动施工津贴及地区津贴等。

（3）生产工人辅助工资。生产工人辅助工资指生产工人年有效施工天数以外非作业天数的工资，包括职工学习、培训期间的工资，调动工作、探亲、休假期间的工资，因气候影响的停工工资，女工哺乳的工资，病假在6个月以内的工资及产、婚、丧假期的工资。

（4）职工福利费。职工福利费指按规定标准从工资中计提的职工福利费。

（5）生产工人劳动保护费。生产工人劳动保护费指按规定标准发放的劳动保护用品的购置费及修理费，徒工服装补贴，防暑降温费，在有碍身体健康的环境中施工的保健费用等。

现阶段企业的人工单价大多由企业自己制定，但其中每一项内容都是根据有关法规政策文件的精神，结合本部门、本地区和本企业的特点，通过反复测量最终确定的。

3.3.1.2 人工单价的确定方法

（1）基本工资。

$$\text{基本工资} = \frac{\text{生产工人年人均基本工资}}{\text{年法定工作日}} \quad [\text{元}/(\text{人·工日})]$$

（2）工资性津贴。

$$\text{工资性津贴} = \frac{\text{生产工人年人均津贴}}{\text{年法定工作日}} \quad [\text{元}/(\text{人·工日})]$$

（3）生产工人辅助工资。

$$\text{生产工人辅助工资} = \frac{(\text{基本工资} + \text{工资性津贴}) \times \text{年平均非工作天数}}{\text{年法定工作日}} \quad [\text{元}/(\text{人·工日})]$$

（4）职工福利费。

$$\text{职工福利费} = \frac{\text{按规定基数计提的生产工人年人均福利费额}}{\text{年法定工作日}} \quad [\text{元}/(\text{人·日})]$$

（5）生产工人劳动保护费。

$$\text{生产工人劳动保护费} = \frac{\text{生产工人年劳动保险费用发放额}}{\text{年法定工作日}} \quad [\text{元}/(\text{人·日})]$$

（6）住房公积金。

$$\text{住房公积金} = \frac{\text{按规定基数计提的生产工人年人均住房公积金额}}{\text{年法定工作日}} \quad [\text{元}/(\text{人·日})]$$

（7）工会经费。

$$\text{工会经费} = \frac{\text{按规定基数计提的生产工人年人均工会经费金额}}{\text{法定工作日}} \quad [\text{元}/(\text{人·日})]$$

（8）教育经费。

$$\text{教育经费} = \frac{\text{按规定计提的生产工人年人均工会经费金额}}{\text{法定工作日}} \quad [\text{元}/(\text{人·日})]$$

（9）危险作业意外伤害保险费。

$$\text{危险作业意外伤害保险费} = \frac{\text{从事危险作业人员年均意外伤害保险金额}}{(\text{法定工作日} \times \text{生产工人年平均人数})} \quad [\text{元}/(\text{人·工日})]$$

人工单价＝基本工资＋工资性津贴＋生产工人辅助工资＋职工福利费＋生产工人劳动保护费
＋住房公积金＋工会经费＋教育经费＋危险作业意外伤害保险费　［元/（人·日）］

3.3.1.3　影响人工单价的因素

影响建筑安装工人人工单价的因素很多，归纳起来有以下几方面。

（1）社会平均工资水平。建筑安装工人人工单价必然和社会平均工资水平趋同。社会平均工资水平取决于经济发展水平。由于我国改革开放以来经济迅速增长，社会平均工资也有大幅度增长，从而影响到人工单价的大幅提高。

（2）生产消费指数。生产消费指数的提高会带动人工单价的提高，以减少生活水平的下降，或维持原来的生活水平。生活消费指数的变动决定于物价的变动，尤其决定于生活消费品物价的变动。

（3）人工单价的组成内容。例如，住房消费、养老保险、医疗保险、失业保险费等列入人工单价，会使人工单价提高。

（4）劳动力市场供需变化。劳动力市场如果需求大于供给，人工单价就会提高；供给大于需求，市场竞争激烈，人工单价就会下降。

（5）国家政策的变化。政府推行社会保障和福利政策，也会影响人工单价的变动。

3.3.2　材料单价的确定

材料单价是指建筑装饰材料由其来源地（或交货地点）运至工地仓库（或施工现场材料存放点）后的出库价格。材料从采购、运输到保管全过程所发生的费用，构成了材料单价。

材料来源地是指生产厂家、材料供销部门、材料交易市场、商店等地。

出库价格是指材料入库经过保管后再领出仓库时的价格。

3.3.2.1　材料单价的构成

（1）材料原价（或供应价格）。即材料的进价，指材料的出厂价、交货地价格、市场批发价以及进口材料货价。一般包括供销部门手续费和包装费在内。

（2）材料运杂费。指材料自来源地（或交货地）运至工地仓库（或存放地点）所发生的全部费用。

（3）运输损耗费。指材料在装卸、运输过程中发生的不可避免的合理损耗。

（4）采购保管费。指材料部门在组织采购、供应和保管材料过程中所发生的各种费用。它包括采购费、仓储费、工地保管费和仓储损耗。

（5）检验试验费。指对建筑材料、构件和建筑安装物进行一般鉴定、检查所发生的费用，包括自设试验室进行试验所耗用的材料和化学药品等费用。不包括新结构、新材料的试验费和建设单位对具有出厂合格证明的材料进行检验，对构件做破坏性试验及其他特殊要求检验试验的费用。

3.3.2.2　材料单价的确定方法

（1）材料原价（或供应价格）的确定。材料原价一般指材料的出厂价、进口材料抵岸价格或市场批发价（元/计量单位）。

在确定材料原价时，同一种材料，因产地或供应单价的不同而有几种原价时，应根据不同来源地的供应数量及不同的单价计算出加权平均原价。

（2）材料运杂费的确定。材料运杂费指材料自采购源地运至工地仓库或存放地发生的装、卸、运、堆放等过程的费用，以及运输、装卸的损耗，材料运输包装费用及摊销费用（元/计量单位）。其中：运输、装卸损耗＝材料原价×相应材料损耗率。

材料运杂费应按照国家有关部门和地方政府交通运输部门的规定计算，同一品种的材料如有若干个来源地时，可根据材料来源地、运输方式、运输里程以及国家或地方规定的运价标准按加权平均的方法计算。

（3）采购保管费的确定。材料采购保管费是指材料供应部门在组织采购、供应和保管材料过程中所需的各项费用。包括材料在工地、仓库储存期间所发生的损耗费。

由于建筑材料的种类、规格繁多，采购保管费不可能按每种材料在采购保管过程中所发生的实际费用计算，只能规定几种费率。一般建筑材料的综合采购及保管费率为2.5%（其中采购费率为1%，保管费率为1.5%）。各地区在不影响2.5%的总水平下，按材料分类并结合价值大小而分为几种不同的标准。如地方材料价值小，则将其费率提高为3%，电器材料价值高，将其费率降低为1%，钢材、木材、水泥及其他材料仍定为2.5%。

$$采购保管费＝（供应价格＋运杂费＋运输损耗率）×采购保管费率$$

以上四项费用相加的总和为材料基价，计算公式为

$$材料基价＝[（供应价格＋运杂费）×（1＋材料运输损耗率）]×（1＋采购保管费率）$$

（4）检验试验费的确定。

$$检验试验费＝按规定每批材料抽验所需费用/该批材料数量（元/计量单位）$$

综合以上四项费用即为材料单价，计算公式为

$$材料单价＝材料原价＋材料运杂费＋采购保管费＋检验试验费（元/计量单位）$$

以上是主要建筑材料单价的计算方法。次要材料的材料单价，可以采用简化计算的方法确定，一般在材料原价确定之后，其他费用可按各地区规定的综合费率计算。

3.3.3 机械台班单价的确定

施工机械台班单价又称机械台班使用费或机械台班预算价格，是指对于一台施工机械，在一个台班内为使机械正常运转所支出和分摊的各项费用之和。

施工机械台班费的比重，将随着建筑施工机械化水平的提高而增加。所以，正确确定施工机械台班单价具有重要的意义。

3.3.3.1 机械台班单价的构成及组成内容

施工机械台班单价由以下七项费用组成，这些费用按其性质分类，可划分为不变费用和可变费用两类。不变费用属于分摊费用性质，包括折旧费、大修理费、经常修理费、安拆费及场外运输费。可变费用属于支出费用性质，包括人工费、燃料动力费、养路费及车船使用税。

（1）折旧费。指机械设备在规定使用期（即耐用总台班）内，陆续收回机械原值及支付贷款利息的费用。

（2）大修理费。指机械设备按规定的大修理间隔台班必须进行大修理，以恢复其正常运转而发生的各项费用。

（3）经常修理费。指机械设备在寿命期内除大修理以外的各级保养（包括一级、二级、三级保养），以及临时故障排除和机械停置期间的维护等所需的各项费用，以及为保障机械正常运转所需的替换设备、工具器具摊销费以及机械日常保养所需的润滑及擦拭材料费等。

机械临时故障排除费和机械停置期间维护保养费，指机械除规定的大修理及各级保养以外的临时故障排除所需费用以及机械在工作日以外的保养维护所需润滑擦拭材料费。

替换设备及工具附具费，指为保证机械正常运转所需的消耗性设备及随机使用的工具和器具消耗的费用，如蓄电池、变压器、车轮胎、传动皮带、钢丝绳等。

润滑及擦拭材料费，是指为保证机械正常运转及日常保养所需的材料费用，如润滑油脂、擦拭用布、面纱等。

（4）安拆费及场外运输费。

1）安拆费。指施工机械在施工现场进行安装、拆卸所需的人工、材料、机械和试运转费用以及安装所需的机械辅助设施（如安装机械的基础、底座、固定锚桩、行走轨道、枕木等）的折旧、搭设、拆除等费用。

2）场外运输费。指机械整体或分件从停置地运至施工现场或一个工地运至另一个工地的机械进出场运输及转移费用，包括机械的装卸、运输、辅助材料及架线等费用。

（5）人工费。指机上司机或副司机、司炉及其他操作人员的基本工资、工资性补贴等费用，其中

24

包括施工机械规定的年工作台班以外的上述人员的基本工资、工资性补贴等费用。

（6）燃料动力费。指机械在运转作业中所消耗的固体燃料（煤、木炭）、液体汽油（汽油、柴油）及水、电等的资源费用。

（7）养路费及车船使用税。指施工机械按照国家规定和有关部门规定应缴纳的养路费、车船使用税、保险费及年检费等。

3.3.3.2 机械台班单价的确定方法

3.3.3.2.1 折旧费的确定

1. 折旧费的计算依据

（1）机械预算价格。即机械设备购置费，它由机械设备原价和机械设备运杂费等构成。

（2）机械残值率。指机械报废时回收的残余价值占机械预算价格的比率。机械残值率一般为：机械运输2%，特大型机械3%，中小型机械4%，掘进机械5%。

（3）贷款利息系数。企业贷款购置机械设备所发生的利息应分摊计入机械台班折旧费中，其分摊计算的方法是通过计算贷款利息系数来计取。

贷款利息系数计算公式如下

$$贷款利息系数 = 1 + \frac{(n+1)}{2} \times i$$

式中　n——国家有关文件规定的此类机械设备折旧年限；

　　　i——当年银行的贷款利息。

（4）耐用总台班。指施工机械在正常施工作业条件下，从投入使用到报废为止，按规定应该达到的使用总台班数。

$$耐用总台班 = 折旧年限 \times 年工作台班$$
$$= 大修理间隔台班 \times 大修理周期数$$

折旧年限主要依据国家有关固定资产折旧年限的规定确定。

年工作台班是根据有关部门对各类主要施工机械近三年的统计资料分析确定。

大修理间隔台班，指机械自投入使用起至第一次大修理为止（或自上一次大修理后投入使用起至下一次大修理为止），机械应达到的使用台班数。

大修理周期数，指施工机械在正常施工作业条件下，将其寿命期（即耐用总台班）按规定的大修理次数划分为若干个周期。其计算公式为

$$大修理周期数 = 寿命期大修理次数 + 1$$

寿命期大修理次数，指为恢复原机械功能按规定在全寿命周期内需要进行的大修理次数。

2. 折旧费的计算公式

$$折旧费 = \frac{预算价格 \times (1 - 机械残值率) \times 贷款利息系数}{耐用总台班} \quad （元/台班）$$

$$预算价格 = 原价 \times (1 + 购置附加费率) + 手续费 + 运杂费$$

3.3.3.2.2 大修理费的确定

1. 大修理费的计算公式

$$大修理费 = \frac{一次大修理费 \times 寿命期大修理次数}{耐用总台班} \quad （元/台班）$$

2. 一次大修理费

按机械设备规定的大修理范围和工作内容，进行一次全面修理所需消耗的工时、配件、辅助材料、油燃料以及送修运输等全部费用计算。

3. 寿命期内大修理次数

为恢复原功能按规定在寿命期内需要进行的大修理次数。

3.3.3.2.3　经常修理费的确定

1. 经常修理费的计算公式

$$经常修理费=\frac{\sum[(各级保养一次费用×寿命期内各级保养次数)+临时故障排除费和机械停置期间维护保养费]}{耐用总台班}（元/台班）$$

2. 各级保养一次费用

分别指机械在各个使用周期内为保证机械处于完好状况，必须按规定的各级保养间隔周期，保养范围和内容进行的一级、二级、三级保养或定期保养所消耗的工时、配件、辅助材料、油燃料等费用。

3. 临时故障排除费和机械停置期间维护保养费

指机械按规定的大修理及各级保养外，临时故障的排除所需费用以及机械在工作日以外的保养所需润滑擦拭材料费，可按各级保养（不包括例保辅料费）费用之和的3%计算，即

$$机械临时故障排除费和机械停置期间维护保养费=\sum(各级保养一次费用$$
$$×寿命期内各级保养总次数)×3\%$$

4. 替换设备、工具、附具台班摊销费

指轮船、电缆、蓄电池、运输皮带、钢丝绳、胶皮管、履带板等消耗性设备和规定随机配备的全套工具附具的台班摊销费。

$$替换设备、工具、附具台班摊销费=\frac{\sum(替换设备、工具、附具使用数量)×相应单价}{耐用总台班}$$

5. 例保辅料费

即机械日常保养所需的润滑擦拭材料费。

为了简化计算，机械台班经常修理费可按以下方法确定

$$机械台班经常修理费=机械台班大修理费×k$$

$$k=\frac{机械台班经常修理费}{机械台班大修理费}$$

如载重汽车k值为1.46，自卸汽车k值为1.52，塔式起重机k值为1.69等。

3.3.3.2.4　安拆费及场外运输费的确定

1. 计算依据

分别按不同机械型号、重量、外形体积以及不同的安拆和运输方式测算机械一次安拆费和一次场外运输费以及机械年平均安拆次数和年平均运输次数。

2. 计算公式

$$机械台班安拆费=\frac{机械一次安拆费×机械年平均安拆次数}{年工作台班}+机械台班辅助设施摊销费$$

$$机械台班辅助设施摊销费=\frac{(机械一次运输及装卸费+辅助材料一次摊销费+一次架线费)×年运输次数}{年工作台班}$$

3.3.3.2.5　机上人工费的确定

其计算公式为

$$机械台班人工费=定额机上人工工日×日工资单价$$

$$定额机上人工工日=机上定员工日×(1+增加工日系数)$$

$$增加工日系数=\frac{年日历天数-规定节假公休日-辅助工资年非工作日-机械年工作台班}{机械年工作台班}$$

增加工日系数取定为25%。

3.3.3.2.6　燃料动力费的确定

其计算公式为

$$机械台班燃料动力费=台班燃料动力消耗量×相应单价$$

台班燃料动力消耗量应以实测消耗量（仪表测量加合理损耗）为主、以现行定额消耗量和调查消

耗量为辅的方法综合确定。

3.3.3.2.7 养路费及车船使用税的确定

其计算公式为

$$养路费及车船使用税 = \frac{载重量 \times (养路费标准 \times 12 + 车船使用税标准)}{年工作台班}$$

养路费单位为元/（t·月），车船使用税单位为元/（t·a）。

综合以上七项费用即为机械台班单价，其计算公式为

$$机械台班单价 = 折旧费 + 大修理费 + 经常修理费 + 安拆费及场外运输费$$
$$+ 机上人工费 + 燃料动力费 + 养路费及车船使用税$$

3.3.3.3 影响机械台班单价的因素

（1）施工机械的价格。施工机械的价格直接影响施工机械台班折旧费从而也直接影响施工机械台班单价。

（2）施工机械使用年限。它不仅影响施工机械台班折旧费，也影响施工机械的大修理费和经常修理费。

（3）施工机械的使用效率、管理水平和维护水平。

（4）国家及地方政府征收税费的规定等。

3.4 建筑装饰工程计价表（定额）的应用举例

3.4.1 建筑装饰预选计价表（定额）的直接套用

查定额（即计价表）之前，应认真阅读定额总说明、分部说明及工程量计算规则；熟悉和掌握定额适用范围，定额已考虑和未考虑的因素和有关规定；要正确理解和熟记装饰工程各分部工程量计算规则，以便在熟悉施工图纸的基础上能够迅速准确地计算各分项工程的工程量；要了解并记忆常用分项工程的工程内容，做到正确套用定额。

当施工图的设计要求与预算定额的项目内容完全相符时，可直接套用预算定额。绝大多数工程项目属于这种情况。直接套用定额项目的方法步骤如下：

（1）从定额目录中查出某分部分项工程所在定额编号。

（2）判断该分部分项工程内容与定额规定的工程内容是否一致，是否可直接套用定额基价。

（3）计算分项工程或结构构件的工料用量及基价。

【例1-3】 某工程楼地面铺贴天然大理石板，板材规格为500mm×500mm（单色），工程量为210.50m²，试确定该项目的人工、材料、机械台班的消耗量。

解：

以《全国统一建筑装饰装修工程消耗量定额》（GYD 901—2002）为例。

（1）从定额项目表中，查出该定额编号为1—001，根据定额1—001，查1m² 大理石楼地面消耗指标。

综合工日：	0.249 工日/m²
白水泥：	0.103kg/m²
大理石板：	1.02m²/m²
石料切割锯片：	0.0035 片/m²
棉纱头：	0.01kg/m²
水：	0.026 m³/m²
水泥砂浆（1：2.5）：	0.0202m³/m²
锯木屑：	0.006m³/m²
素水泥浆：	0.001m³/m²
灰浆搅拌机（200L）：	0.0034 台班/m²

| 石料切割机： | 0.0168 台班/m² |

（2）确定该工程大理石楼地面人工、材料、机械台班的消耗量。

综合人工：	$0.249 \times 210.50 = 52.41$（工日）
白水泥：	$0.103 \times 210.50 = 21.68$（kg）
大理石板：	$1.02 \times 210.50 = 214.71$（m²）
石料切割锯片：	$0.0035 \times 210.50 = 0.74$（片）
棉纱头：	$0.01 \times 210.50 = 2.11$（kg）
水：	$0.026 \times 210.50 = 5.47$（m³）
锯木屑：	$0.006 \times 210.50 = 1.26$（m³）
水泥砂浆（1：2.5）：	$0.0202 \times 210.50 = 4.25$（m³）
素水泥浆：	$0.001 \times 210.50 = 0.21$（m³）
灰浆搅拌机（200L）：	$0.0034 \times 210.50 = 0.72$（台班）
石料切割机：	$0.0168 \times 210.50 = 3.54$（台班）

3.4.2 建筑装饰工程计价表（预算定额）的换算

当施工图的设计要求与计价表（预算定额）项目的条件不完全相符时，则不能直接套用计价表（预算定额），如果计价表（预算定额）规定允许换算或调整，应在计价表（预算定额）规定的范围内换算或调整，并应在原计价表（预算定额）编号右下角注明"换"字，以示区别。

装饰工程计价表（预算定额）的换算主要有以下几种类型：乘系数换算、抹灰砂浆配合比换算、抹灰砂浆厚度换算、工程量换算和其他换算。

3.4.2.1 乘系数换算

由于设计要求的内容与计价表（预算定额）规定不完全一致时，计价表（预算定额）规定，对某些计价表（预算定额）项目通过乘系数增减其人工费、材料费、机具费或基价的方式计算。例如：楼梯踢脚线按相应计价表（预算定额）乘以系数1.15。圆弧形、锯齿形等不规则墙面抹灰、镶贴块料按相应项目人工乘以系数1.15，材料乘以系数1.05。

【例1-4】 单层木门单面刷油：底油一遍，刮腻子，调和漆二遍，磁漆一遍。

解：

根据定额5—001及定额规定换算。

人工：	0.2500 工日/m² $\times 0.49 = 0.1225$（工日/m²）
石膏粉：	0.0540 kg/m² $\times 0.49 = 0.0265$（kg/m²）
砂纸：	0.4800 张/m² $\times 0.49 = 0.2352$（张/m²）
豆包布0.9m宽：	0.0400 m/m² $\times 0.49 = 0.0020$（m/m²）
醇酸磁漆：	0.2143 kg/m² $\times 0.49 = 0.1050$（kg/m²）
无光调和漆：	0.5093 kg/m² $\times 0.49 = 0.2496$（kg/m²）
清油：	0.0180 kg/m² $\times 0.49 = 0.0088$（kg/m²）
醇酸稀释剂：	0.0110 kg/m² $\times 0.49 = 0.0054$（kg/m²）
熟桐油：	0.0430 kg/m² $\times 0.49 = 0.0211$（kg/m²）
催干剂：	0.0110 kg/m² $\times 0.49 = 0.0054$（kg/m²）
油漆溶剂油：	0.1130 kg/m² $\times 0.49 = 0.0554$（kg/m²）
酒精：	0.0040 kg/m² $\times 0.49 = 0.0020$（kg/m²）
漆片：	0.0007 kg/m² $\times 0.49 = 0.0003$（kg/m²）

3.4.2.2 砂浆配合比换算

当设计图纸要求的抹灰砂浆配合比与预算定额砂浆配合比不同时，需要进行砂浆配合比换算。如果砂浆厚度不变，只有配合比变化时，人工、机械台班用量不变，只需调整砂浆中原材料的用量。

换算公式为

$$换入砂浆用量＝换出的定额砂浆用量$$
$$换入砂浆原材料用量＝换入砂浆配合比用量×换出的定额砂浆用量$$

【例 1-5】 1：3 水泥砂浆底，1：2.5 水泥白石子浆窗套面水刷石。

解：

查《全国统一建筑装饰装修工程消耗量定额》（GYD 901—2002），换算定额编号：2—008，15—234。

人工、机械台班、其他材料不变，只调整水泥白石子浆的材料用量。

1：2.5 水泥白石子浆用量＝0.0112（m³/m²）。

1：2.5 水泥白石子浆的原材料用量：

42.5MPa 水泥：567×0.0112＝6.35（kg/m²）。

白石子：1519×0.0112＝17.01（kg/m²）。

3.4.2.3 砂浆厚度换算

当砂浆抹灰厚度发生变化且定额允许换算时，砂浆用量发生变化，因而人工、材料、机械台班用量均要调整。

换算公式为

$$k＝换入砂浆总厚度/定额砂浆总厚度$$
$$换算后人工用量＝k×定额日工数$$
$$换算后机械台班用量＝k×定额台班数$$
$$换算后砂浆用量＝换入砂浆厚度/定额砂浆厚度×定额砂浆用量$$
$$换入砂浆原材料用量＝换入砂浆配合比用量×换算后砂浆用量$$

【例 1-6】 1：2 水泥砂浆底 22mm 厚，1：2.5 水泥白石子浆 12mm 厚毛石墙面水刷石。

解：

砂浆厚度改变，人工、材料、机械台班用量全部调整。

查《全国统一建筑装饰装修工程消耗量定额》（GYD 901—2002），得出换算定额编号为：2—006，15—215，15—234。

人工、机械台班、其他材料不变，只调整水泥白石子浆的材料用量。

1：2.5 水泥白石子浆用量＝0.0112（m³/m²）。

1：2.5 水泥白石子浆的原材料用量：

42.5 级水泥：567×0.0112＝6.35（kg/m²）。

白石子：1519×0.0112＝17.01（kg/m²）。

3.4.2.4 工程量换算

工程量换算是依据装饰工程计价定额的有关规定，将根据施工图纸计算出来的工程量乘以规定系数的一种方法。

【例 1-7】 某宾馆装修，其中窗帘盒 420m，计算窗帘盒的油漆工程量。

解：

定额规定：窗帘盒油漆工程量按延长米计算，乘以系数 2.04：

$$窗帘盒油漆工程量＝420×2.04＝856.8（m）$$

3.4.2.5 其他换算

其他换算主要是人工消耗量或人工费的增减，材料消耗量、材料种类、材料规格或材料费用的增减，机具费的增减换算。

【例 1-8】 某工程隔墙采用 60mm×30mm×1.5mm 的铝合金龙骨，单向，间距 400mm，计算定额用量。

解：

通过分析铝合金龙骨的断面不变，只需调整由于间距变化的定额用量，采用比例法可以计算出需用量。

根据 2—183 定额换算。

$$换算后铝合金龙骨用量 = 2.4822 \times 500/400 = 3.1028 \ (m/m^2)$$

复习思考题

1. 什么是建筑装饰工程计价表？它有哪些性质？

2. 建筑装饰工程计价表的作用有哪些？

3. 何谓建筑装饰工程施工定额？它的作用是什么？

4. 建筑装饰工程计价表的编制原则是什么？

5. 如何正确套用建筑装饰工程计价表？

6. 如何确定人工单价？

7. 如何确定机械台班单价？

8. 如何确定材料单价？

9. 某铝合金单扇地弹门（带上亮）型材（框料），设计为 101.6mm×44.5mm×2.0mm 的方管。现有工程量 100m²，试计算完成该分项工程的预算价格及主要材料消耗量。

模块二 编制建筑装饰装修工程概预算的资料准备

 学习目标

1. 了解建筑装饰装修工程图纸的设计过程，掌握建筑装饰装修工程图纸的组成，能很熟练地看懂图纸及图纸上的尺寸、材料的标注等。

2. 了解建筑装饰装修工程预算过程中所用到的各种资料，了解工程所在地的材料价格及价格信息。掌握建筑装饰装修工程招投标文件的组成，很熟练地掌握合同文件及协议、变更、索赔等资料的有关内容。

课题一 建筑装饰装修工程识图

1.1 建筑装饰装修工程施工平面图的识读

建筑装饰装修工程施工图纸是编制装饰工程概预算的非常重要的依据。没有图纸就无法计算工程量，没有工程量也就无法算出工程的价格。所以，看懂图纸是做好概预算的前提。

1.1.1 建筑装饰装修工程施工平面图的重点识读

装饰装修工程平面图的识读重点应该放在整个建筑装饰装修工程的平面布置上，先看功能分区，再看具体空间的要求，如图2-1所示。

（1）重点识读建筑物主体的结构，如墙体、柱、门窗、室内外楼梯等。

（2）各功能空间的位置、形状、尺寸，如家具、沙发衣柜等。

（3）厨房、卫生间等特殊空间里的操作台、洗手台、便器等设备的形状、位置。

（4）家电设备，如空调、冰洗设备、电视机等的具体位置、尺寸、形状等。

（5）室内装饰构件如隔断、装饰小品、绿化等的位置与布置情况。

（6）建筑主体结构的开间、进深的尺寸、面积的大小、主要的装修尺寸。

（7）装饰装修的设计说明及施工说明等。

（8）装修部分的定位轴线及编号的标注。

（9）平面图的主要标记：比例、指北针、定位轴线等。

1.1.2 建筑装饰装修工程施工立面图的重点识读

装饰装修工程剖面图的识读重点应该放在整个

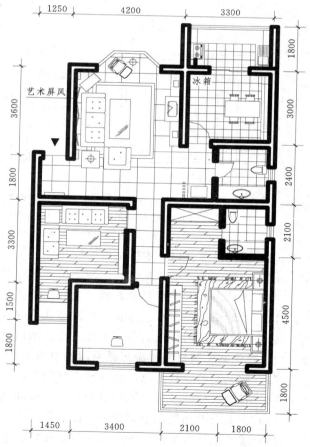

图2-1 某居室平面布置图（单位：mm）

建筑装饰装修工程的立面布置及标高上，先看楼层的划分，再看具体楼层里的标高要求，如图2-2所示。

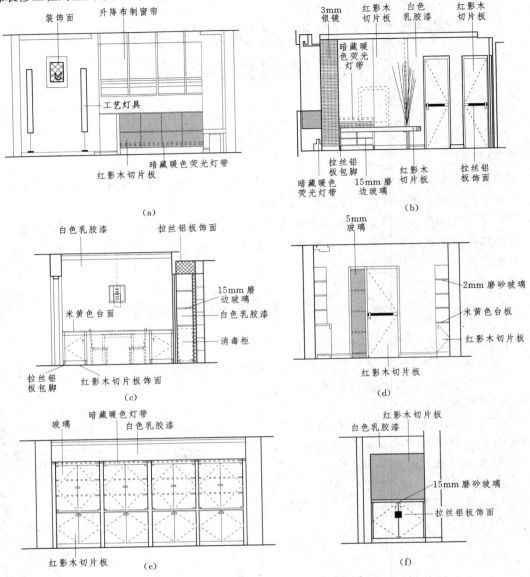

图2-2　某居室餐厅的不同立面图

(a) 客厅A立面图；(b) 客厅B立面图；(c) 餐厅A立面图；(d) 餐厅B立面图；

(e) 书房书柜立面图；(f) 门厅鞋柜立面图

(1) 顶棚吊顶及以上主体结构的标高尺寸。

(2) 墙柱面造型中的轮廓线、装饰件、壁灯等的标高尺寸。

(3) 墙柱面的饰面材料的名称、规格、颜色、工艺说明等。

(4) 楼地面标高、吊顶标高、装饰吊件等的定形尺寸及定位尺寸。

(5) 重点部位的详图索引、断面尺寸、剖面尺寸等符号标注。

1.1.3　建筑装饰装修工程施工效果图的重点识读

(1) 效果图的识读重点应放在整个空间里的色彩搭配上。

(2) 各种材料的颜色、质感是否与装饰空间的功能相协调。

(3) 主要看空间里的色调能否突出整体、主次分明的立体效果。

(4) 重点识读效果图中的材料名称、做法、色彩等有关的文字说明。

两个不同的居室客厅效果图，如图2-3所示。

图 2-3 不同居室客厅效果图

图 2-4 为某一居室装修的完整施工图。

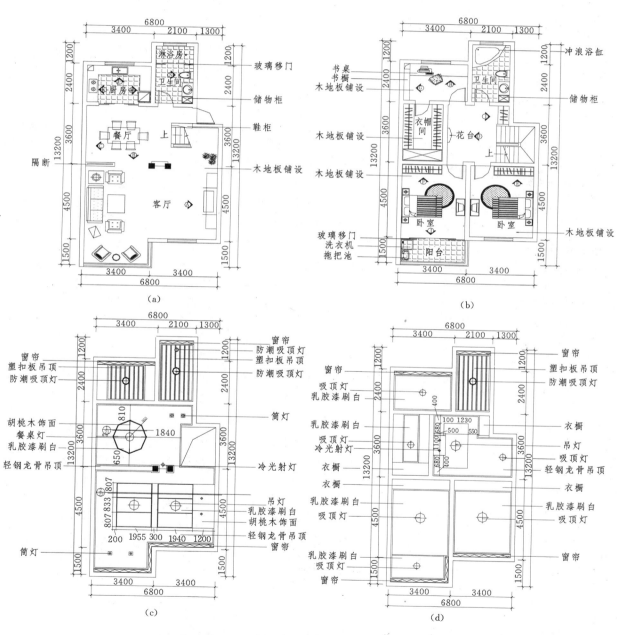

图 2-4（一） 某住宅装饰装修施工图（单位：mm）

（a）某住宅一层平面图；（b）某住宅二层平面图；（c）一层顶面图（1：100）；（d）某住宅二层顶面图（1：100）

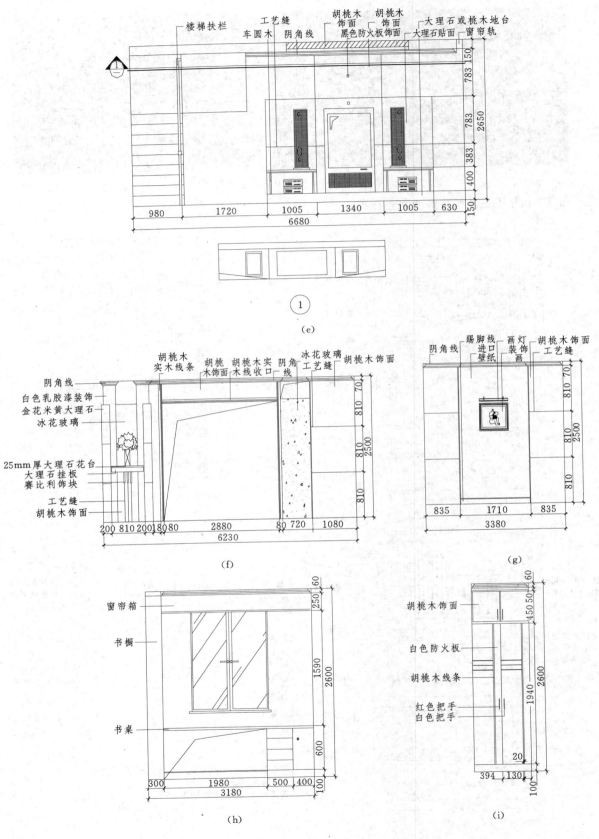

图 2-4（二） 某住宅装饰装修施工图（单位：mm）

(e) A 立面；(f) B 立面；(g) C 立面；(h) H 立面；(i) I 立面

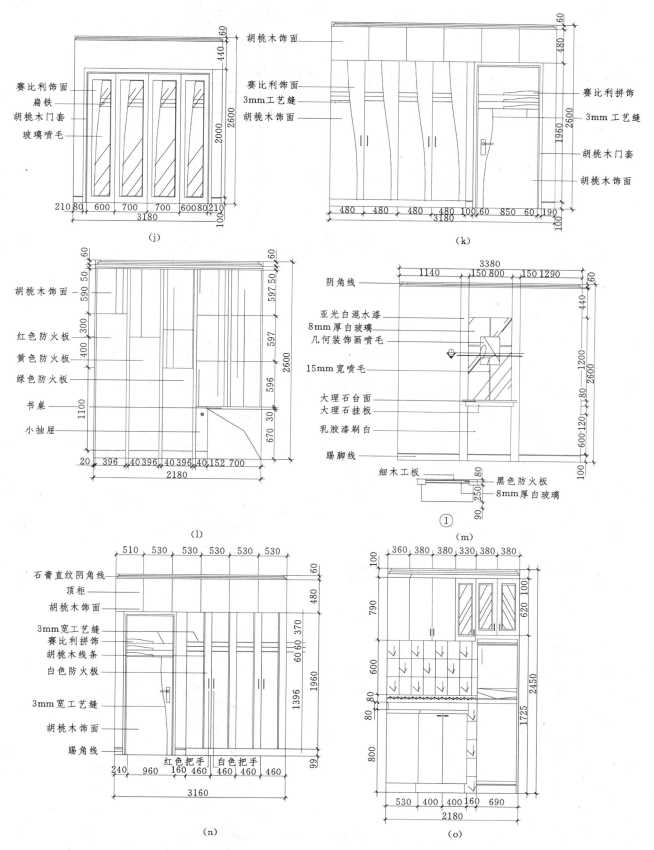

图 2-4（三）　某住宅装饰装修施工图（单位：mm）

(j) J立面；(k) F立面；(l) G立面；(m) D立面；(n) E立面；(o) M立面

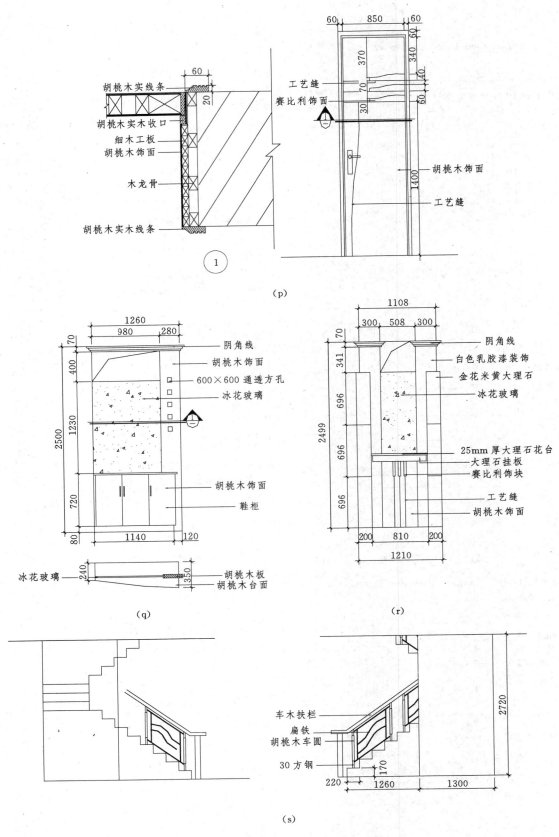

图 2-4（四）　某住宅装饰装修施工图（单位：mm）

（p）门立面及大样图；（q）鞋柜立面；（r）客、餐厅隔断立面；（s）楼梯立面

1.1.4 熟记建筑装饰平面图中定位轴线的含义及相互关系

定位轴线用细点画线绘制，在线的端部画一直径为 8～10mm 的细实线圆，圆内注写定位轴线编号。在建筑平面图上轴线编号的次序，横向自左向右用阿拉伯数字编写，竖向从下至上用大写拉丁字母编写，字母 I、O、Z 不得用作轴线编号，以免与数字 1、0、2 混淆。

定位轴线是确定房屋主要的墙、柱和其他承重构件位置以及标注尺寸的基线。

 复习思考题

1. 建筑装饰装修工程施工图纸中平面图、剖面图、效果图之间有何区别和联系？
2. 如何识读建筑装饰装修工程施工图？

课题二　建筑装饰装修工程概预算所用的基本资料

2.1　概论

开展预算工作贯穿于工程招投标阶段和施工阶段的全过程，在进行工程预算的过程中会遇到一些与预算工作相关的资料。了解这些资料的内容、用途，有助于更好地开展预算工作，使预算工作有的放矢。本课题将介绍预算过程中遇到的各种资料，分为工程招投标阶段涉及的资料和施工阶段涉及的资料两部分。

2.2　工程招投标阶段涉及的资料

2.2.1　招标文件的内容和解读

招标文件的内容如下：

（1）投标须知前附表。投标须知前附表，是将一些重要的内容集中地列在表中，便于投标人重点和概括地了解招标情况，见表 2－1。

（2）投标须知。投标须知是指导投标人正确地进行投标报价的文件，规定了编制投标文件和投标应注意、考虑的程序规定和一般规定，特别是实质性规定。

投标须知阐述的内容如下：

1）总则。工程概况、招标范围及工期、投标单位资格要求、投标费用。

2）招标文件说明。招标文件的组成、招标文件的澄清、招标文件的修改。

3）投标文件说明。投标文件的组成、投标文件的编制要求、投标有效期、投标保证金、踏勘现场、投标报价、投标有效期、投标保证金、投标文件的份数和签署。

4）投标报价。投标报价方式、投标报价的计价方法、投标报价的编制依据、投标报价的编制要求。

5）投标文件的递交。投标文件的递交时间、地点；投标截止日期、投标文件的补充修改与撤回。

6）开标。应写明作为无效投标文件处理的情况、开标时间、地点、开标时投标人应出示的证件资料等。

7）评标。评标依据、评标委员会的组成情况、评标办法（有时将评标办法单独作为一部分）、投标文件的澄清、投标文件的初步评审、详细评审。

8）合同的授予。合同授予标准、中标通知书的签发、合同协议书的签订。

（3）投标文件参考格式（略）。

（4）建设工程施工合同：阐明有关合同签订、承包范围、发包方式、合同价款工程变更、投资控制、工程施工质量标准、施工工期、发包方责任、承包方责任、工程的验收、工程款的拨付、违约责任、争议解决的相关内容。

表 2－1 投 标 须 知 前 附 表

项号	条款号	内　容	说 明 与 要 求
1		工程名称	
2		建设地点	
3		建设规模	
4		承包方式	
5		质量标准	
6		工期要求	＿＿＿年＿＿＿月＿＿＿日计划开工，＿＿＿年＿＿＿月＿＿＿日计划竣工。施工工期：＿＿＿日历天
7		资金来源	
8		招标范围	
9		投标人资质等级要求	
10		资格审查方式	
11		工程报价方式	
12		投标有效期	为＿＿＿日历天（从投标截止之日起计算至开标、定标结束日为止）
13		投标担保金	
14		踏勘现场	
15		投标文件份数	壹份正本，＿＿＿份副本
16		投标文件提交地点及截止时间	收件人：＿＿＿＿＿＿＿ 地　点：＿＿＿＿＿＿＿ 时　间：＿＿＿年＿＿＿月＿＿＿日＿＿＿时＿＿＿分
17		开标	开始时间：＿＿＿年＿＿＿月＿＿＿日＿＿＿时＿＿＿分 地　点：＿＿＿＿＿＿＿
18		评标方法及标准	
19		履约保证金额	投标人提供的履约保证金额为合同价款的＿＿＿％或＿＿＿（币种，金额，单位）

（5）工程建设标准。

（6）图纸。

（7）工程量清单。

2.2.2　投标文件的内容和解读

投标文件包括投标函部分、商务标部分和技术标部分。

1. 投标函部分

投标函部分包括的内容如下：

（1）法定代表人资格证明书。

法定代表人资格证明书

单位名称：＿＿＿＿＿＿＿＿＿＿＿＿

单位性质：＿＿＿＿＿＿＿＿＿＿＿＿

地址：＿＿＿＿＿＿＿＿＿＿＿＿＿

成立时间：＿＿＿＿年＿＿＿月＿＿日

经营期限：＿＿＿＿＿＿＿＿＿＿＿

姓名：＿＿＿＿＿＿性别：＿＿＿＿年龄：＿＿＿＿职务：＿＿＿＿＿＿系（投标人单位名称）
的法定代表人。为施工、竣工和保修＿＿＿＿＿＿＿＿＿＿＿＿的工程，签署上述工程的投标文件、
进行合同谈判、签署合同和处理与之有关的一切事务。

特此证明

投标人：＿＿＿＿＿（盖公章）

日期：＿＿＿＿年＿＿＿＿月＿＿＿日

（2）授权委托书。

授 权 委 托 书

本授权委托书声明：我＿＿＿＿＿（姓名）系＿＿＿＿＿（投标单位名称）的法定代表人，现授权委
托×××建筑装饰工程有限公司（单位名称）的＿＿＿＿＿（姓名）为我单位合法代理人，以本公司
的名义参加＿＿＿＿＿（招标单位名称）的＿＿＿＿＿工程的投标。代理人所签署的一切文件和处理与之
有关的一切事务，我均予承认。

代理人无转委托。特此委托。

代理人：（签字）＿＿＿＿＿性别：＿＿＿＿年龄：＿＿＿＿

单位：（盖章）＿＿＿＿＿部门：＿＿＿职务：＿＿＿

投标单位：（盖法人章）＿＿＿＿＿＿

法定代表人：（签字）＿＿＿＿＿＿＿

日期：＿＿＿＿年＿＿＿＿月＿＿＿日

（3）投标函。

投 标 函

致：＿＿＿＿＿＿

（一）根据已收到的＿＿＿＿＿＿工程的招标文件，我单位将遵照《中华人民共和国招标投标法》
等有关规定并根据本工程招标文件的规定，经考察现场和研究招标文件后，愿以人民币＿＿＿＿＿＿（大
写）的总价，按招标文件的要求承包本次招标范围内的全部工程。

（二）我单位保证在收到贵单位发出的书面开工令后立即开工，并在＿＿＿＿＿天内竣工。

（三）我单位保证本工程质量达到＿＿＿＿＿。

（四）我单位金额为人民币＿＿＿＿＿元的投标保证金已按招标文件要求汇入贵单位指定账户。

（五）如果我方中标，我方将按照规定提交上述总价＿＿＿＿＿％的现金作为履约担保。

（六）贵单位的招标文件、中标通知书和本投标文件将构成约束我们双方的合同。

投标单位（盖法人章）：＿＿＿＿＿＿

法定代表人或代理人（签字或印鉴）：＿＿＿＿

日期：＿＿＿＿年＿＿＿＿月＿＿＿日

（4）投标函附录。

投 标 函 附 录

投标人：　　　（盖章）法定代表人或授权委托人：　　（印章或签字）

年　月　日

序号	项目内容	合同条款号	约定内容	备注
1	履约保证金		万元整	
2	施工准备时间		中标后（　）天	
3	误期违约金额		（　）元/天	
4	误期赔偿费限额		合同价款（　）%	
5	施工总工期		（　）日历天	
6	质量标准			
7	工程质量违约金最高限额		（　）元	
8	预付款金额			
9	预付款保函金额			
10	进度款付款时间			
11	竣工结算款付款时间			
12	保修期		依据保修书约定的期限	

（5）履约保函。

履 约 保 函

致：　　　（业主全称）　　　

　　鉴于（承包人全称）（下称"承包人"）与（业主全称）（下称"业主"）签订的＿＿＿＿＿＿合同，并保证按合同规定承担该合同工程的实施和完成及其缺陷修复，我行愿意出具保函为承包人担保，担保金额为人民币（大写）元（＿＿＿＿＿元）。

　　本保函的义务是：我行在接到业主提出的因承包人在履行合同过程中未能履约或违背合同规定的责任和义务而要求的书面通知和付款凭证后＿＿＿＿＿天内，在上述担保金的限额内向业主支付任何数额的款项，无须业主出具证明或陈述理由。

　　在向我行提出要求前，我行将不坚持要求业主应首先向承包人索要上述款项。我们还同意，任何对合同条款所作的修改或补充都不能免除我行按本保函所应承担的义务。

　　本保函在工程按合同工期完成，或业主向承包人颁发免除工程进度保证责任之日起失效。

担保银行：（　　全称）（　　盖章）

法定代表人：（盖章）

日期：＿＿＿＿年＿＿＿＿月＿＿＿＿日

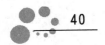

（6）招标文件要求投标人提交的其他投标资料，如企业基本概况表等。

2．商务标部分

通过建筑装饰工程预算课的学习，应能完成商务标的编制。商务标包括的内容有详细预算书、报价汇总表、主要材料用量汇总表、工程量计算书，具体内容如下：

（1）封面。

（2）投标总价。

（3）工程项目总价表。

（4）单项工程费汇总表。

（5）单位工程费汇总表。

（6）分部分项工程量清单计价表。

（7）措施项目清单计价表。

（8）其他项目清单计价表。

（9）零星工作项目计价表。

（10）分部分项工程量清单综合单价分析表。

（11）措施项目费分析表。

（12）甲供设备材料表（数量、单价）。

（13）乙供材料表（数量、单价）。

（14）人工单价表（数量、单价）。

3．技术标部分

技术标包括的内容如下：

（1）施工组织设计。投标人应编制递交完整的施工组织设计，编制具体内容包括：工程概况、施工部署、各分部分项工程的施工方法；主要材料、施工机械设备、劳动力采购、运输、使用、计划安排；结合招标工程特点提出切实可行的工程质量、安全生产、文明施工、工程进度的技术组织措施；同时应对关键工序、复杂环节重点提出相应技术措施，如雨季施工技术组织措施、减少扰民噪音、降低环境污染技术措施、成品保护措施、工程技术资料管理办法、竣工维修服务保证措施等。

施工组织设计除文字表述外，应附下列图表：

1）计划开、竣工日期和施工进度横道网络图。投标人应提交的施工进度网络图或施工进度表，说明按招标文件要求的工期进行施工的各个关键日期。中标的投标人还要按合同条件有关条款的要求提交详细的施工进度计划。

施工进度表可采用关键线路网络图（或横道图）表示，说明计划开工日期和各分项工程各阶段的完工日期和分包合同签订的日期。

施工进度计划应与施工组织设计或施工方案相适应。

2）劳动力计划表，见表2-2。

表 2-2 劳 动 力 计 划 表 单位：人

工种级别	按工程施工阶段投入劳动力情况					

3）拟投入本工程的主要施工机械设备表，见表2-3。

表2-3   主要施工机械设备表

序 号	机械或设备名称	型号规格	数 量	国别产地	制造年份	额定功率（kW）	生产能力	备 注

4）施工总平面布置图及临时用地表。投标人应提交一份施工总平面图，给出现场临时设施布置图表并附文字说明，说明临时设施、加工车间、现场办公、设备及仓储、供电、供水、卫生、生活等设施的情况和布置。

（2）项目管理机构配备情况。

1）项目管理机构配备情况表，见表2-4。

表2-4   项目管理机构配备情况表

职 务	姓 名	职 称	执业或执业资格证明					已承担在建工程情况	
			证书名称	级别	证号	专业	原服务单位	项目数	主题项目名称

2）项目经理简历表。阐明近两年来项目经理的工作业绩、获得的各种荣誉。

3）项目技术负责人简历表。阐明项目技术负责人的姓名、性别、年龄、职务、职称、学历、参加工作时间、担任技术负责人年限等。

4）项目管理机构配备情况辅助说明资料。辅助说明资料主要包括管理机构的设置、职责分工、有关复印证明资料以及投标人认为有必要提供的资料。辅助说明资料格式不做统一规定，由投标人自行设计。如：①近3年竣工的工程一览表：阐明工程项目名称、建设单位、建设规模、建筑总高、跨度、结构类型、质量评定等级、开竣工年月、工程质量回访情况等；②类似工程施工经验：阐明工程项目名称、建设单位、建设规模、结构类型、建筑高度、跨度、开竣工年月、质量评定等级。

另外，投标文件里应附上资格证明材料，包括：营业执照、资质证书、项目经理资质（资格）证书的复印件（以上3件必须与资格预审时所提供的原件一致，并加盖投标单位公章）、安全、质检、材料、预算、施工等管理人员资质（资格）证明复印件（复印件必须加盖投标单位公章）。

2.2.3 合同文件及协议的内容和解读

1. 合同的概念

合同指为实施工程，发包方和承包方之间达成的明确相互权利和义务关系的协议。包括合同条

件、协议条款以及双方协商同意的与合同有关的全部文件。

《合同条件》是对建筑装饰工程承发包双方权利义务作出的约定，除双方协商同意对其中的某些条款作出修改、补充或取消外，都必须严格履行。

《协议条款》是按《合同条件》的顺序拟定的，主要是为《合同条件》的修改、补充提供一个协议的格式。承发包双方针对工程的实际情况，把对《合同条件》的修改、补充和对某些条款不予采用的一致意见按《协议条款》的格式形成协议。《合同条件》和《协议条款》是双方统一意愿的体现，成为合同文件的组成部分。

采用招标发包的工程，《合同条件》应是招标文件的组成部分，发包方对其修改、补充或对某些条款不予采用的意见，要在招标文件中说明。承包方是否同意发包方的意见及自己对《合同条件》的修改、补充和对某些条款不予采用的意见，也要在标书中一一列出。中标后，双方将协商一致的意见写入《协议条款》。

2. 除合同另有约定外，合同文件的组成和解释顺序

（1）协议条款。

（2）合同条件。

（3）洽商、变更等明确双方权利、义务的纪要、协议。

（4）招标发包工程的招标文件、投标书和中标通知书。

（5）工程量清单或确定工程造价的工程预算书和图纸。

（6）标准、规范和其他有关的技术经济资料、要求。

3. 协议条款的内容和解读

协议是双方统一意愿的体现，成为合同文件的组成部分，在签订协议时应对合同条件中一些未明确的条款具体化。

（1）关于工期延误，应对以下内容予以说明：

1）延误的定义，如哪些工作延误多长时间才算延误。

2）可调整因素的限制，如工程量增减多少才可调整工期。

3）需补充的其他造成工期调整的因素。

4）双方议定乙方延期竣工应支付的违约金额，应在本条写明违约金数额和计算方法，如每延迟1天，乙方应支付甲方多少金额。

（2）关于工期提前，甲方可在签订《协议条款》时提出提前竣工的要求，应写明以下事项：

1）要求提前的时间。

2）乙方应采取的措施。

3）甲方应提供的便利条件。

4）赶工措施费用的计算和分担。

5）收益的分享比例和计算方法，此项也可按传统方法写成每提前竣工1天，甲方应向乙方支付多少金额。

（3）关于合同价款及调整，应按照具体情况予以说明，如：

1）一般工期较短的工程采用固定价格，但因甲方原因致使工期延长时，合同价款是否作出调整应在本条说明。

2）甲方对施工中可能出现的价格变动若采取一次性付给乙方一笔风险补偿费用办法的，应写明补偿的金额或比例，写明补偿后是全部不予调整还是部分不予调整及可以调整项目的名称。

3）采用可调价格的应写明调整的范围，如除材料费外是否包括机械费、人工费、管理费；写明调整的条件，对《合同条件》中所列出的项目是否还有补充，如对工程量增减和工程量变更的数量有限制的，还应写明限制的数量；要写明调整的依据，是哪一级工程造价管理部门公

布的价格调整文件；写明调整的方法、程序及乙方提出调价通知的时间、甲方代表批准和支付的时间等。

（4）关于工程预付款。工程款的预付，双方协商约定后把预付的时间、金额、方法和扣回的时间、金额、方法在本条写明。例如"在合同签订后，甲方应将合同价款的（　　）％，计人民币（　　）元，于（　　）月（　　）日和（　　）月（　　）日……分（　　）次支付给乙方，作为预付工程款。在完成合同总造价（　　）％（以甲方代表签字确认的工程量报告为准）后的（　　）个月里，每月扣回预付工程款的（　　）％，在完成合同总造价的（　　）％时扣完"。

甲方不预付工程款，在合同价款中应考虑乙方垫付工程费用的补偿。

（5）关于工程款支付。关于工程款支付，双方应根据工程的实际情况协商确定，把支付的时间、金额和支付方法在本条写明。例如按月支付的，应写明"乙方应在每月的第（　　）天前，根据甲方核实确认的工程量、工程单价和取费标准，计算已完工程价值，编制'工程价款结算单'送甲方代表，甲方代表收到后，应在第（　　）天之前审核完毕，并通知经办银行付款。"

（6）关于违约。以甲方违约为例，甲方违约应负的违约责任应按以下各项分别作出说明：

1）承担因违约发生的费用，应写明费用的种类。如工程的损坏及因此发生的拆除、修复等费用支出，乙方因此发生的人工、材料、机械和管理费用支出。

2）支付违约金，要写明违约金的数额和计算方法、支付的时间。

3）赔偿损失。违约金的数额不足以赔偿乙方的损失时，应将不足部分支付给乙方，作为赔偿。并写明损失的范围和计算方法，如损失的性质是直接损失还是间接损失，损失的内容是否包括乙方窝工的人工费、机械费和管理费，是否包括窝工期间乙方本应获得的利润等。

4. 建筑装饰装修工程合同示范文本

建筑装饰装修工程合同示范文本有甲种本和乙种本，甲种本适用于大中型建筑装饰工程，乙种本适用于小型建筑装饰工程。具体内容如下：

建筑装饰工程施工合同（甲种本）
［适用于大中型建筑装饰工程］

第一部分　合同条件

词语含义及合同文件

第一条　词语含义

在本合同中，下列词语除协议条款另有约定外，应具有本条所赋予的含义。

1.1　合同：指为实施工程，发包方和承包方之间达成的明确相互权利和义务关系的协议。包括合同条件、协议条款以及双方协商同意的与合同有关的全部文件。

1.2　协议条款：指结合具体工程，除合同条件外，经发包方和承包方协商达成一致意见的条款。

1.3　发包方（简称甲方）：协议条款约定的具有工程发包主体资格和支付工程价款能力的当事人。甲方的具体身份、发包范围、权限、性质均需在协议条款内约定。

1.4　承包方（简称乙方）：协议条款约定的具有工程承包主体资料并被甲方接受的当事人。

1.5　甲方驻工地代表（简称甲方代表）：甲方在协议条款内指定的履行合同的负责人。

1.6　乙方驻工地代表（简称乙方代表）：乙方在协议条款内指定的履行合同的负责人。

1.7　社会监理：甲方委托具备法定资格的工程建设监理单位对工程进行的监理。

1.8　总监理工程师：工程建设监理单位委派的监理总负责人。

1.9　设计单位：甲方委托的具备与工程相应资质等级的设计单位。

本合同工程的装饰或二次及以上的装饰，甲方委托乙方部分或全部设计，且乙方具备相应设计资

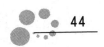

质，甲乙双方另行签订设计合同。

1.10　工程：指为使建筑物、构筑物内外空间达到一定的环境质量要求，使用装饰装修材料，对建筑物、构筑物外表和内部进行修饰处理的工程。包括对旧有建筑物及其设施表面的装饰处理。

1.11　工程造价管理部门：各级建设行政主管部门或其授权的建设工程造价管理部门。

1.12　工程质量监督部门：各级建设行政主管部门或其授权的建设工程质量监督机构。

1.13　合同价款：甲乙双方在协议条款内约定的、用以支付乙方按照合同要求完成全部工程内容的价款总额。招标工程的合同价款为中标价格。

1.14　追加合同价款：在施工中发生的、经甲方确认后按计算合同价款的方法增加的合同价款。

1.15　费用：甲方在合同价款之外需要直接支付的开支或乙方应承担的开支。

1.16　工期：协议条款约定的、按总日历天数（包括一切法定节假日在内）计算的工期天数。

1.17　开工日期：协议条款约定的绝对或相对的工程开工日期。

1.18　竣工日期：协议条款约定的绝对或相对的工程竣工日期。

1.19　图纸：由甲方提供或乙方提供经甲方代表批准，乙方用以施工的所有图纸（包括配套说明和有关资料）。

1.20　分段或分部工程：协议条款约定构成全部工程的任何分段或分部工程。

1.21　施工场地：由甲方提供，并在协议条款内约定，供乙方施工、操作、运输、堆放材料的场地及乙方施工涉及的周围场地（包括一切通道）。

1.22　施工设备和设施：按协议条款约定，由甲方提供给乙方施工和管理使用的设备或设施。

1.23　工程量清单：发包方在招标文件中提供的、按法定的工程量计算方法（规则）计算的全部工程的分部分项工程量明细清单。

1.24　书面形式：根据合同发生的手写、打印、复写、印刷的各种通知、证明、证书、签证、协议、备忘录、函件及经过确认的会议纪要、电报、电传等。

1.25　不可抗力：指因战争、动乱、空中飞行物坠落或其他非甲乙方责任造成的爆炸、火灾，以及协议条款约定的自然灾害等。

第二条　合同文件及解释顺序

合同文件应能互相解释，互为说明。除合同另有约定外，其组成和解释顺序如下：

2.1　协议条款。

2.2　合同条件。

2.3　洽商、变更等明确双方权利、义务的纪要、协议。

2.4　建设工程施工合同。

2.5　监理合同。

2.6　招标发包工程的招标文件、投标书和中标通知书。

2.7　工程量清单或确定工程造价的工程预算书和图纸。

2.8　标准、规范和其他有关的技术经济资料、要求。

当合同文件出现含糊不清或不一致时，由双方协商解释，协商不成时，按协议条款第三十五条约定的办法解决。

第三条　合同文件使用的语言文字、标准和适用法律

合同文件使用汉语或协议条款约定的少数民族语言书写、解释和说明。

施工中必须使用协议条款约定的国家标准、规范。没有国家标准、规范时，有行业标准、规范的，使用行业标准、规范；没有国家和行业标准、规范的，使用地方的标准、规范。甲方应按协议条款约定的时间向乙方提供一式两份约定的标准、规范。

国内没有相应标准、规范时，乙方应按协议条款约定的时间和要求提出施工工艺，经甲方代表和设计单位批准后执行。甲方要求使用国外标准、规范的，应负责提供中文译本。本条所发生购买、翻译和制定标准、规范的费用，均由甲方承担。

适用于合同文件的法律是国家的法律、法规（含地方法规），及协议条款约定的规章。

第四条　图纸

甲方在开工日期 7 天之前按协议条款约定的日期和份数，向乙方提供完整的施工图纸。乙方需要超过协议条款双方约定的图纸份数，甲方应代为复制，复制费用由乙方承担。

使用国外或境外图纸，不能满足施工需要时，双方在协议条款内约定复制、重新绘制、翻译、购买标准图纸等的责任和费用承担。

双方一般责任

第五条　甲方代表

甲方代表按照以下要求，行使合同约定的权利，履行合同约定的义务：

5.1　甲方代表可委派有关具体管理人员，行使自己部分权利和职责，并可在任何时候撤回这种委派。委派和撤回均应提前 7 天通知乙方。

5.2　甲方代表的指令、通知由其本人签字后，以书面形式交给乙方代表，乙方代表在回执行上签署姓名和收到时间后生效。确有必要时，甲方代表可发出口头指令，并在 48 小时内给予书面确认，乙方应于甲方代表发出口头指令后 7 天内提出书面确认要求，甲方代表在乙方提出确认要求 24 小时后不予答复，视为乙方要求已被确认。乙方认为甲方代表指令不合理，应在收到指令后 24 小时内提出书面申告，甲方代表在收到乙方申告后 24 小时内做出修改指令或继续执行原指令的决定，并以书面形式通知乙方。紧急情况下，甲方代表要求乙立即执行的指令或乙方有异议，但甲方代表决定仍继续执行的指令，乙方应予执行。因指令错误而发生的追加合同价款和对乙方造成的损失由甲方承担，延误的工期相应顺延。

5.3　甲方代表应按合同约定，及时向乙方提供所需指令、批准、图纸并履行其他约定的义务。否则乙方在约定时间后 24 小时内将具体要求、需要的理由和迟误的后果通知甲方代表，甲方代表收到通知后 48 小时内不予答复，应承担由此造成的追加合同价款，并赔偿乙方的有关损失，延误的工期相应顺延。

甲方代表易人，甲方应于易人前 7 天通知乙方，后任继续履行合同文件约定的前任的权利和义务。

第六条　委托监理

本工程甲方委托监理，应与监理单位签订监理合同。并在本合同协议条款内明确监理单位、总监理工程师及其应履行的职责。

本合同中总监理工程师和甲方代表的职责不能相互交叉。

非经甲方同意，总监理工程师及其代表无权解除本合同中乙方的任何义务。

合同履行中，发生影响甲乙双方权利和义务的事件时，总监理工程师应做出公正的处理。

为保证施工正常进行，甲乙双方应尊重总监理工程师的决定。对总监理工程师的决定有异议时，按协议条款的约定处理。

总监理工程师易人，甲方接到监理单位通知后应同时通知乙方，后任继续履行赋予前任的权利和义务。

第七条　乙方驻工地代表

乙方任命驻工地负责人，按以下要求行使合同约定的权利，履行合同约定的义务：

7.1　乙方的要求、请求和通知，以书面形式由乙方代表签字后送甲方代表，甲方代表在回执行上签署姓名及收到时间后生效。

7.2　乙方代表按甲方代表批准的施工组织设计（或施工方案）和依据合同发出的指令、要求组织施工。在情况紧急且无法与甲方代表联系的情况下，可采取保护人员生命和工程、财产安全的紧急措施，并在采取措施后 24 小时内向甲方代表送交报告。责任在甲方，由甲方承担由此发生的追加合

同价款，相应顺延工期；责任在乙方，由乙方承担费用。

乙方代表易人，乙方应于易人前7天通知甲方，后任继续履行合同文件约定的前任的权利和义务。

第八条　甲方工作

甲方按协议条款约定的内容和时间，一次或分阶段完成以下工作：

8.1　提供施工所需的场地，并清除施工场地内一切影响乙方施工的障碍；或承担乙方在不腾空的场地内施工采取的相应措施所发生的费用，一并计入合同价款内。

8.2　向乙方提供施工所需水、电、热力、电信等管道线路，从施工场地外部接至协议条款约定的地点，并保证乙方施工期间的需要。

8.3　负责本工程涉及的市政配套部门及当地各有关部门的联系和协调工作。

8.4　协调施工场地内各交叉作业施工单位之间的关系，保证乙方按合同的约定顺利施工。

8.5　办理施工所需的有关批件、证件和临时用地等的申请报批手续。

8.6　组织有关单位进行图纸会审，向乙方进行设计交底。

8.7　向乙方有偿提供协议条款约定的施工设备和设施。

甲方不按协议条款约定的内容和时间完成以上工作，造成工期延误，承担由此造成的追加合同价款，并赔偿乙方有关损失，工期相应顺延。

第九条　乙方工作

乙方按协议条款约定的时间和要求做好以下工作：

9.1　在其设计资格证书允许的范围内，按协议条款的约定完成施工图设计或与工程配套的设计，经甲方代表批准后使用。

9.2　向甲方代表提供年、季、月度工程进度计划及相应统计报表和工程事故报告。

9.3　在腾空后单独由乙方施工的施工场地内，按工程和安全需要提供和维修非夜间施工使用的照明、看守、围栏和警卫。乙方未履行上述义务造成工程、财产和人身伤害，由乙方承担责任及所发生的费用。

在新建工程或不腾空的建筑物内施工时，上述设施和人员由建筑工程承包人或建筑物使用单位负责，乙方不承担任何责任和费用。

9.4　遵守地方政府和有关部门对施工场地交通和施工噪声等管理规定，经甲方代表同意，需办理有关手续的，由甲方承担由此发生的费用。因乙方责任造成的罚款除外。

9.5　遵守政府和有关部门对施工现场的一切规定和要求，承担因自身原因违反有关规定造成的损失和罚款。

9.6　按协议条款的约定保护好建筑物结构和相应管线、设备。

9.7　已竣工工程未交付甲方验收之前，负责成品保护，保护期间发生损坏，乙方自费予以修复。第三方原因造成损坏，通过甲方协调，由责任方负责修复；或乙方修复，由甲方承担追加合同价款。要求乙方采取特殊措施保护的分段或分部工程，其费用由甲方承担，并在协议条款内约定。甲方在竣工验收前使用，发生损坏的修理费用，由甲方承担。由于乙方不履行上述义务，造成工期延误和经济损失，责任由乙方承担。

施工组织设计和工期

第十条　施工组织设计及进度计划

乙方应在协议条款约定的日期，将施工组织设计（或施工方案）和进度计划提交甲方代表。甲方代表应按协议条款约定的时间予以批准或提出修改，逾期不批复，可视为该施工组织设计（或施工方案）和进度计划已经批准。乙方必须按批准的进度计划组织施工，接受甲方代表对进度的检查、监督。工程实际进展与进度计划不符时，乙方应按甲方代表的要求提出措施，甲方代表批准后执行。

第十一条　延期开工

乙方按协议条款约定的开工日期开始施工。乙方不能按时开工，应在协议条款约定的开工日期7天前，向甲方代表提出延期开工的理由和要求。甲方代表在7天内答复乙方。甲方代表7天内不予答复，视为已同意乙方要求，工期相应顺延。甲方代表不同意延期要求或乙方未在规定时间内提出延期开工要求，竣工工期不予顺延。甲方征得乙方同意并以书面形式通知乙方后，可要求推迟开工日期，承担乙方因此造成的追加合同价款，相应顺延工期。

第十二条　暂停施工

甲方代表在确有必要时，可要求乙方暂停施工，并在提出要求后48小时内提出处理意见。乙方应按甲方要求停止施工，并妥善保护已完工工程。乙方实施甲方代表处理意见后，可提出复工要求，甲方代表应在48小时内给予答复。甲方代表未能在规定时间内提出处理意见，或收到乙方复工要求后48小时内未予答复，乙方可自行复工。停工责任在甲方，由甲方承担追加合同价款，相应顺延工期；停工责任在乙方，由乙方承担发生的费用。因甲方代表不及时做出答复，施工无法进行，乙方可认为甲方已部分或全部取消合同，由甲方承担违约责任。

第十三条　工期延误

由于以下原因造成工期延误，经甲方代表确认，工期相应顺延。

13.1　甲方不能按协议条款的约定提供开工条件。

13.2　工程量变化和设计变更。

13.3　一周内，非乙方原因停水、停电、停气造成停工累计超过8小时。

13.4　工程未按时支付。

13.5　不可抗力。

13.6　其他非乙方原因的停工。

乙方在以上情况发生后7天内，就延误的内容和因此发生的追加合同价款向甲方代表提出报告，甲方代表在收到报告后7天内予以确认、答复，逾期不予答复，乙方可视为延期及要求已被确认。

非上述原因，工程不能按合同工期竣工，乙方按协议条款约定承担违约责任。

第十四条　工期提前

施工中如需提前竣工，双方协商一致后应签订提前竣工协议。乙方按协议修订进度计划，报甲方批准。甲方应在7天内给予批准，并为赶工提供方便条件。提前竣工协议包括以下主要内容：

14.1　提前的时间。

14.2　乙方采取的赶工措施。

14.3　甲方为赶工提供的条件。

14.4　赶工措施的追加合同价款和承担。

14.5　提前竣工受益（如果有）的分享。

<u>质量与检验</u>

第十五条　工程样板

按照协议条款规定，乙方制作的样板间，经甲方代表检验合格后，由甲乙双方封存。样板间作为甲方竣工验收的实物标准。制作样板间的全部费用，由甲方承担。

第十六条　检查和返工

乙方应认真按照标准、规范、设计和样板间标准的要求以及甲方代表依据合同发出的指令施工，随时接受甲方代表及其委派人员检查检验，为检查检验提供便利条件，并按甲方代表及其委派人员的要求返工、修改，承担因自身原因导致返工、修改的费用。因甲方不正确纠正或其他原因引起的追加合同价款，由甲方承担。

以上检查检验合格后，又发现由乙方原因引起的质量问题，仍由乙方承担责任和发生的费用，赔偿甲方的有关损失，工期相应顺延。

检查检验合格后再进行检查检验应不影响施工的正常进行，如影响施工的正常进行，检查检验不合格，影响施工的费用由乙方承担。除此之外影响正常施工的追加合同价款由甲方承担，相应顺延工期。

第十七条　工程质量等级

工程质量应达到国家或专业的质量检验评定标准的合格条件。甲方要求部分或全部工程质量达到优良标准，应支付由此增加的追加合同价款，对工期有影响的应给予相应的顺延。

达不到约定条件的部分，甲方代表一经发现，可要求乙方返工，乙方应按甲方代表要求返工，直到符合约定条件。因乙方原因达不到约定条件，由乙方承担返工费用，工期不予顺延。返工后仍不能达到约定条件，乙方承担违约责任。因甲方原因达不到约定条件，由甲方承担返工的追加合同价款，工期相应顺延。

双方对工程质量有争议，请协议条款约定的质量监督部门调解，调解费用及因此造成的损失，由责任一方承担。

第十八条　隐蔽工程和中间验收

工程具备隐蔽条件或达到协议条款约定的中间验收部位，乙方自检合格后，在隐蔽和中间验收48小时前通知甲方代表参加。通知包括乙方自检记录、隐蔽和中间验收的内容、验收时间和地点。乙方准备验收记录。验收合格，甲方代表在验收记录上签字后，方可进行隐蔽和继续施工。验收不合格，乙方在限定时间内修改后重新验收。工程符合规范要求，验收24小时后，甲方代表不在验收记录签字，可视为甲方代表已经批准，乙方可进行隐蔽或继续施工。

甲方代表不能按时参加验收，须在开始验收24小时之前向乙方提出延期要求，延期不能超过两天，甲方代表未能按以上时间提出延期要求、不参加验收，乙方可自行组织验收，甲方应承认验收记录。

第十九条　重新检验

无论甲方代表是否参加验收，当其提出对已经验收的隐蔽工程重新检验的要求时，乙方应按要求进行剥露，并在检验后重新隐蔽或修复后隐蔽。检验合格，甲方承担由此发生的追加合同价款，赔偿乙方损失并相应顺延工期。检验不合格，乙方承担发生的费用，工期也予顺延。

合同价款及支付方式

第二十条　合同价款与调整

合同价款及支付方式在协议条款内约定后，任何一方不得擅自改变。发生下列情况之一的可做调整：

20.1　甲方代表确认的工程量增减。

20.2　甲方代表确认的设计变更或工程洽商。

20.3　工程造价管理部门公布的价格调整。

20.4　一周内非乙方原因造成停水、停电、停气累计超过8小时。

20.5　协议条款约定的其他增减或调整。

双方在协议条款内约定调整合同价款的方法及范围。乙方在需要调整合同价款时，在协议条款约定的天数内，将调整的原因、金额以书面形式通知甲方代表，甲方代表批准后通知经办银行和乙方。甲方代表收到乙方通知后7天内不做答复，视为已经批准。

对固定价格合同，双方应在协议条款内约定甲方给予乙方的风险金额或按合同价款一定比例约定风险系数，同时双方约定乙方在固定价格内承担的风险范围。

第二十一条　工程款预付

甲方按协议条款约定的时间和数额，向乙方预付工程款，开工后按协议条款约定的时间和比例逐次扣回。甲方不按协议条款约定预付工程款，乙方在约定预付时间7天后向甲方发出要求预付工程款的通知，甲方在收到通知后仍不能按要求预付工程款，乙方可在发出通知 7 天后停止施工，甲方从应付之日起向乙方支付应付款的利息并承担违约责任。

第二十二条　工程量的核实确认

乙方按协议条款约定的时间，向甲方代表提交已完工程量的报告。甲方代表接到报告后 7 天内按设计图纸核实已完工程数量（以下简称计量），并提前 24 小时通知乙方。乙方为计量提供便利条件并派人参加。

乙方无正当理由不参加计量，甲方代表自行进行，计量结果视为有效，作为工程价款支付的依据。甲方代表收到乙方报告后 7 天内未进行计量，从第 8 天起，乙方报告中开列的工程量视为已被确认，作为工程款支付的依据。甲方代表不按约定时间通知乙方，使乙方不能参加计量，计量结果无效。甲方代表对乙方超出设计图纸要求增加的工程量和自身原因造成的返工的工程量，不予计量。

第二十三条　工程款支付

甲方按协议条款约定的时间和方式，根据甲方代表确认的工程量，以构成合同价款相应项目的单价和取费标准计算出工程价款，经甲方代表签字后支付。甲方在计量结果签字后超过 7 天不予支付，乙方可向甲方发出要求付款通知，甲方在收到乙方通知后仍不能按要求支付，乙方可在发出通知 7 天后停止施工，甲方承担违约责任。

经乙方同意并签订协议，甲方可延期付款。协议需明确约定付款日期，并由甲方支付给乙方从计量结果签字后第 8 天起计算的应付工程价款利息。

材料供应

第二十四条　材料样品或样本

不论甲乙任何一方供应都应事先提供材料样品或样本。经双方验收后封存，作为材料供应和竣工验收的实物标准。甲方或设计单位指定的材料品种，由指定者提供指定式样、色调和规格的样品或样本。

第二十五条　甲方提供材料

甲方按照协议条款约定的材料种类、规格、数量、单价、质量等级和提供时间、地点的清单，向乙方提供材料及其产品合格证明。甲方代表在所提供材料验收 24 小时前将通知送达乙方，乙方派人与甲方一起验收。无论乙方是否派人参加验收，验收后由乙方妥善保管，甲方支付相应的保管费用。发生损坏或丢失，由乙方负责赔偿。甲方不按规定通知乙方验收，乙方不负责材料设备的保管，损坏或丢失由甲方负责。

甲方供应的材料与清单或样品不符，按下列情况分别处理：

25.1　材料单价与清单不符，由甲方承担所有差价。

25.2　材料的种类、规格、型号、质量等级与清单或样品不符，乙方可拒绝接收保管，由甲方运出施工现场并重新采购。

25.3　到货地点与清单不符，甲方负责倒运至约定地点。

25.4　供应数量少于清单约定数量时，甲方将数量补齐。多于清单数量时，甲方负责将多余部分运出施工现场。

25.5　供应时间早于清单约定时间，甲方承担因此发生的保管费用。

因以上原因或迟于清单约定时间供应而导致的追加合同价款，由甲方承担。发生延误，工期相应顺延，并由甲方赔偿乙方由此造成的损失。

乙方检验之后仍发现有与清单和样品的规格、质量等级不符的情况，甲方还应承担重新采购及返工的追加合同价款，并相应顺延工期。

第二十六条　乙方供应材料

乙方根据协议条款约定，按照设计、规范和样品的要求采购工程需要的材料，并提供产品合格证明。在材料设备到货 24 小时前通知甲方代表验收。对与设计、规范和样品要求不符的产品，甲方代表应禁止使用，由乙方按甲方代表要求的时间运出现场，重新采购符合要求的产品，承担由此发生的费用，工期不予顺延。甲方未能按时到场验收，以后发现材料不符合规范、设计和样品要求，乙方仍应拆除、修复及重新采购，并承担发生的费用。由此延误的工期相应顺延。

第二十七条　材料试验

对于必须经过试验才能使用的材料，不论甲乙双方任何一方供应，按协议条款的约定，由乙方进行防火阻燃、毒性反应等测试。不具备测试条件的，可委托专业机构进行测试，费用由甲方承担。测试结果不合格的材料，凡未采购的应停止采购，凡已采购运至现场的，应立即由采购方运出现场，由此造成的全部材料采购费用，由采购方承担。甲方或设计单位指定的材料不合格，由甲方承担全部材料采购费用。

设计变更

第二十八条　甲方变更设计

甲方变更设计，应在该项工程施工前7天通知乙方。乙方已经施工的工程，甲方变更设计应及时通知乙方，乙方在接到通知后立即停止施工。

由于设计变更造成乙方材料积压，应由甲方负责处理，并承担全部处理费用。由于设计变更，造成乙方返工需要的全部追加合同价款和相应的损失均由甲方承担，相应顺延工期。

第二十九条　乙方变更设计

乙方提出合理化建议涉及变更设计和对原定材料的换用，必须经甲方代表及有关部门批准。合理化建议节约的金额，甲乙双方协商分享。

第三十条　设计变更对工程影响

所有设计变更，双方均应办理变更洽商签证。发生设计变更后，乙方按甲方代表的要求，进行下列对工程影响的变更：

30.1　增减合同中约定的工程数量。

30.2　更改有关工程的性质、质量、规格。

30.3　更改有关部分的标高、基线、位置和尺寸。

30.4　增加工程需要的附加工作。

30.5　改变有关工程施工时间和顺序。

第三十一条　确定变更合同价款及工期

发生设计变更后，在双方协商时间内，乙方按下列方法提出变更价格，送甲方代表批准后调整合同价款：

31.1　合同中已有适用于变更工程的价格，按合同已有的价格变更合同价款。

31.2　合同中只有类似于变更情况的价格，可以此作为基础确定变更价格，变更合同价款。

31.3　合同中没有适用和类似的价格，由乙方提出适当的变更价格，送甲方代表批准后执行。

设计变更影响到工期，由乙方提出变更工期，送甲方代表批准后调整竣工日期。

甲方代表不同意乙方提出的变更价格及工期，在乙方提出后7天通知乙方提请工程造价管理部门或有关工期管理部门裁定，对裁定有异议，按第35条约定的方法解决。

竣工与结算

第三十二条　竣工验收

工程具备竣工验收条件，乙方按国家工程竣工验收有关规定，向甲方代表提供完整竣工资料和竣工验收报告。按协议条款约定的日期和份数向甲方提交竣工图。甲方代表收到竣工验收报告后，在协议条款约定的时间内组织有关部门验收，并在验收后7天内给予批准或提出修改意见。乙方按要求修改，并承担由自身原因造成修改的费用。

甲方代表在收到乙方送交的竣工验收报告7天内无正当理由不组织验收，或验收后7天内不予批准且不能提出修改意见，视为竣工验收报告已被批准，即可办理结算手续。

竣工日期为乙方送交竣工验收报告的日期，需修改后才能达到竣工要求的，应为乙方修改后提请甲方验收的日期。

甲方不能按协议条款约定日期组织验收，应从约定期限最后一天的第二天起承担保管费用。

因特殊原因，部分工程或部位须甩项竣工时，双方订立甩项竣工协议，明确各方责任。

第三十三条　竣工结算

竣工报告批准后，乙方应按国家有关规定或协议条款约定的时间、方式向甲方代表提出结算报告，办理竣工结算。甲方代表收到结算报告后应在 7 天内给予批准或提出修改意见，在协议条款约定时间内将拨款通知送经办银行支付工程款，并将副本送乙方。乙方收到工程款 14 天内将竣工工程交付甲方。

甲方无正当理由收到竣工报告后 14 天内不办理结算，从第 15 天起按施工企业向银行同期贷款的最高利率支付工程款的利息，并承担违约责任。

第三十四条　保修

乙方按国家有关规定和协议条款约定的保修项目、内容、范围、期限及保修金额和支付办法，进行保修并支付保修金。

保修期从甲方代表在最终验收记录上签字之日算起。分单项验收的工程，按单项工程分别计算保修期。

保修期内，乙方应在接到修理通知之后 7 天内派人修理，否则，甲方可委托其他单位或人员修理。因乙方原因造成返修的费用，甲方在保修金内扣除，不足部分，由乙方交付。因乙方之外原因造成返修的费用，由甲方承担。

采取按合同价款约定比率，在甲方应付乙方工程款内预留保修金办法的，甲方应在保修期满后 14 天内结算，将剩余保修金和按协议条款约定利率计算的利息一起退还乙方。

<u>争议、违约和索赔</u>

第三十五条　争议

本合同执行过程中发生争议，由当事人双方协商解决，或请有关部门调解。当事人不愿协商、调解解决或者协商、调解不成的，双方在协议条款内约定由仲裁委员会仲裁。当事人双方未约定仲裁机构，事后又没有达成书面仲裁协议的，可向人民法院起诉。

发生争议后，除出现以下情况的，双方都应继续履行合同，保持施工连续，保护好已完工程：

35.1　合同确已无法履行。

35.2　双方协议停止施工。

35.3　调解要求停止施工，且为双方所接受。

35.4　仲裁委员会要求停止施工。

35.5　法院要求停止施工。

第三十六条　违约

甲方代表不能及时给出必要指令、确认、批准，不按合同约定支付款项或履行自己的其他义务及发生其他使合同无法履行的行为，应承担违约责任（包括支付因违约导致乙方增加的费用和从支付之日计算的应支付款项的利息等），相应顺延工期，按协议条款约定支付违约金，赔偿因其违约给乙方造成的窝工等损失。

乙方不能按合同工期竣工，施工质量达不到设计和规范的要求，或发生其他使合同无法履行的行为，乙方应承担违约责任，按协议条款约定向甲方支付违约金，赔偿因其违约给甲方造成的损失。

除非双方协议将合同终止或因一方违约使合同无法履行，违约方承担上述违约责任后仍应继续履行合同。

因一方违约使合同不能履行，另一方欲中止或解除全部合同，应以书面形式通知违约方，违约方必须在收到通知之日起 7 天内做出答复，超过 7 天不予答复视为同意中止或解除合同，由违约方承担违约责任。

第三十七条　索赔

甲方未能按协议条款约定提供条件、支付各种费用、顺延工期、赔偿损失，乙方可按以下规定向甲方索赔：

37.1　有正当索赔理由，且有索赔事件发生时的有关证据。

37.2　索赔事件发生后 14 天内，向甲方代表发出要求索赔的意向。

37.3　在发出索赔意向后 14 天内，向甲方代表提交全部和详细的索赔资料和金额。

37.4　甲方在接到索赔资料后 7 天内给予批准，或要求乙方进一步补充索赔理由和证据，甲方在 7 天内未做答复，视为该索赔已经批准。

37.5　双方协议实行一揽子索赔，索赔意向不得迟于工程竣工日期前 14 天提出。

<u>其他</u>

第三十八条　安全施工

乙方要按有关规定，采取严格的安全防护和防火措施，并承担由于自身原因造成的财产损失和伤亡事故的责任和因此发生的费用。非乙方责任造成的财产损失和伤亡事故，由责任方承担责任和有关费用。

发生重大伤亡事故，乙方应按规定立即上报有关部门并通知甲方代表。同时按政府有关部门的要求处理。甲方要为抢救提供必要条件。发生的费用由事故责任方承担。

乙方在动力设备、高电压线路、地下管道、密封防震车间、易燃易爆地段以及临时交通要道附近施工前，应向甲方代表提出安全保护措施，经甲方代表批准后实施。由甲方承担防护措施费用。

在不腾空和继续使用的建筑物内施工时，乙方应制定周密的安全保护和防火措施，确保建筑物内的财产和人员的安全，并报甲方代表批准。安全保护措施费用，由甲方承担。

在有毒有害环境中施工，甲方应按有关规定提供相应的防护措施，并承担有关费用。

第三十九条　专利技术和特殊工艺的使用

甲方要求采用专利技术和特殊工艺，须负责办理相应的申报、审批手续，承担申报、试验等费用。乙方按甲方要求使用，并负责试验等有关工作。乙方提出使用专利技术和特殊工艺，报甲方代表批准后按以上约定办理。

以上发生的费用和获得的收益，双方按协议条款约定分摊或分享。

第四十条　不可抗力

不可抗力发生后，乙方应迅速采取措施，尽量减少损失，并在 24 小时内向甲方代表通报灾害情况，按协议条款约定的时间向甲方报告情况和清理、修复的费用。灾害继续发生，乙方应每隔 7 天向甲方报告一次灾害情况，直到灾害结束。甲方应对灾害处理提供必要条件。

因不可抗力发生的费用由双方分别承担：

40.1　工程本身的损害由甲方承担。

40.2　人员伤亡由所属单位负责，并承担相应费用。

40.3　造成乙方设备、机械的损坏及停工等损失，由乙方承担。

40.4　所需清理和修复工作的责任与费用的承担，双方另签补充协议约定。

第四十一条　保险

在施工场地内，甲乙双方认为有保险的必要时，甲方按协议条款的约定，办理建筑物和施工场地内甲方人员及第三方人员生命财产保险，并支付一切费用。

乙方办理施工场地内自己人员生命财产和机械设备的保险，并支付一切费用。当乙方为分包或在不腾空的建筑物内施工时，乙方办理自己的各类保险。

投保后发生事故，乙方应在14天内向甲方提供建筑工程（建筑物）损失情况和估价的报告，如损害继续发生，乙方在14天后每7天报告一次，直到损害结束。

第四十二条　工程停建或缓建

由于不可抗力及其他甲乙双方之外原因导致工程停建或缓建，使合同不能继续履行，乙方应妥善做好已完工程和已购材料、设备的保护和移交工作，按甲方要求将自有机械设备和人员撤出施工现场。甲方应为乙方撤出提供必要条件，支付以上的费用，并按合同规定支付已完工程价款和赔偿乙方有关损失。

已经订货的材料、设备由订货方负责退货，不能退还的货款和退货发生的费用，由甲方承担。但未及时退货造成的损失由责任方承担。

第四十三条　合同的生效与终止

本合同自协议条款约定的生效之日起生效。在竣工结算、甲方支付完毕，乙方将工程交付甲方后，除有关保修条款仍然生效外，其他条款即告终止，保修期满后，有关保修条款终止。

第四十四条　合同份数

合同正本两份，具有同等法律效力，由甲乙双方签字盖章后分别保存。副本份数按协议条款约定，由甲乙双方分送有关部门。

第二部分　协议条款

甲方：＿＿＿＿＿＿＿＿＿＿＿＿　　　乙方：＿＿＿＿＿＿＿＿＿＿＿＿

按照《中华人民共和国经济合同法》和《建筑安装工程承包合同条例》的规定，结合本工程具体情况，双方达成如下协议。

第一条　工程概况

1.1　工程名称：＿＿＿＿＿＿＿＿＿＿＿＿＿＿＿＿＿＿＿＿＿＿＿＿＿＿＿＿＿＿

　　　工程地点：＿＿＿＿＿＿＿＿＿＿＿＿＿＿＿＿＿＿＿＿＿＿＿＿＿＿＿＿＿＿

　　　承包范围：＿＿＿＿＿＿＿＿＿＿＿＿＿＿＿＿＿＿＿＿＿＿＿＿＿＿＿＿＿＿

　　　承包方式：＿＿＿＿＿＿＿＿＿＿＿＿＿＿＿＿＿＿＿＿＿＿＿＿＿＿＿＿＿＿

1.2　开工日期：＿＿＿＿＿＿＿＿＿＿＿＿＿＿＿＿＿＿＿＿＿＿＿＿＿＿＿＿＿＿

　　　竣工日期：＿＿＿＿＿＿＿＿＿＿＿＿＿＿＿＿＿＿＿＿＿＿＿＿＿＿＿＿＿＿

　　　总日历工期天数：＿＿＿＿＿＿＿＿＿＿＿＿＿＿＿＿＿＿＿＿＿＿＿＿＿＿＿

1.3　质量等级：＿＿＿＿＿＿＿＿＿＿＿＿＿＿＿＿＿＿＿＿＿＿＿＿＿＿＿＿＿＿

1.4　合同价款：＿＿＿＿＿＿＿＿＿＿＿＿＿＿＿＿＿＿＿＿＿＿＿＿＿＿＿＿＿＿

第二条　合同文件及解释顺序

第三条　合同文件使用的语言和适用标准及法律

3.1　合同语言：＿＿＿＿＿＿＿＿＿＿＿＿＿＿＿＿＿＿＿＿＿＿＿＿＿＿＿＿＿＿

3.2　适用标准、规范：＿＿＿＿＿＿＿＿＿＿＿＿＿＿＿＿＿＿＿＿＿＿＿＿＿＿＿

3.3　适用法律、法规：＿＿＿＿＿＿＿＿＿＿＿＿＿＿＿＿＿＿＿＿＿＿＿＿＿＿＿

第四条　图纸

4.1　图纸提供日期：＿＿＿＿＿＿＿＿＿＿＿＿＿＿＿＿＿＿＿＿＿＿＿＿＿＿＿＿

4.2　图纸提供套数：＿＿＿＿＿＿＿＿＿＿＿＿＿＿＿＿＿＿＿＿＿＿＿＿＿＿＿＿

4.3　图纸特殊保密要求和费用：＿＿＿＿＿＿＿＿＿＿＿＿＿＿＿＿＿＿＿＿＿＿＿

第五条　甲方代表

5.1　甲方代表姓名和职称（职务）：＿＿＿＿＿＿＿＿＿＿＿＿＿＿＿＿＿＿＿＿＿

5.2　甲方赋予甲方代表的职权：＿＿＿＿＿＿＿＿＿＿＿＿＿＿＿＿＿＿＿＿＿＿＿

5.3　甲方代表委派人员的名单及责任范围：＿＿＿＿＿＿＿＿＿＿＿＿＿＿＿＿＿＿

第六条　监理单位及总监理工程师

6.1 监理单位名称：_____

6.2 总监理工程师姓名、职称：_____

6.3 总监理工程师职责：_____

第七条 乙方驻工地代表

第八条 甲方工作

8.1 提供具备开工条件施工场地的时间和要求：_____

8.2 水、电、电讯等施工管线进入施工场地的时间、地点和供应要求：_____

8.3 需要与有关部门联系和协调工作的内容及完成时间：_____

8.4 需要协调各施工单位之间关系的工作内容和完成时间：_____

8.5 办理证件、批件的名称和完成时间：_____

8.6 会审图纸和设计交底的时间：_____

8.7 向乙方提供的设施内容：_____

第九条 乙方工作

9.1 施工图和配套设计名称、完成时间及要求：_____

9.2 提供计划、报表的名称、时间和份数：_____

9.3 施工场地防护工作的要求：_____

9.4 施工现场交通和噪声控制的要求：_____

9.5 符合施工场地规定的要求：_____

9.6 保护建筑物结构及相应管线和设备的措施：_____

9.7 建筑成品保护的措施：_____

第十条 进度计划

10.1 乙方提供施工组织设计（或施工方案）和进度计划的时间：_____
_____

10.2 甲方代表批准进度计划的时间：_____

第十一条 延期开工

第十二条 暂停施工

第十三条 工期延误

第十四条 工期提前

第十五条 工程样板

对工程样板间的要求：_____

第十六条 检查和返工

第十七条 工程质量等级

17.1 工程质量等级要求的追加合同价款：_____

17.2 质量评定部门名称：_____

第十八条 隐蔽工程和中间验收

中间验收部位和时间：_____

第十九条 验收和重新检验

第二十条 合同价款及调整

20.1 合同价款形式（固定价格加风险系数合同、可调价格合同等）：_____
_____

20.2 调整的方式：_____

第二十一条 工程预付款

21.1 预付工程款总金额：_____

21.2 预付时间和比例：_____

21.3 扣回时间和比例：_____

21.4 甲方不按时付款承担的违约责任：_____

第二十二条　工程量的核实确认

乙方提交工程量报告的时间和要求：_____

第二十三条　工程款支付

23.1 工程款支付方式：_____

23.2 工程款支付金额和时间：_____

23.3 甲方违约的责任：_____

第二十四条　材料样品或样本

第二十五条　甲方供应材料设备

甲方供应材料、设备的要求（附清单）：_____

第二十六条　乙方采购材料设备

第二十七条　材料试验

第二十八条　甲方变更设计

第二十九条　乙方变更设计

第三十条　设计变更对工程的影响

第三十一条　确定变更价款

第三十二条　竣工验收

32.1 乙方提供竣工验收资料的内容：_____

32.2 乙方提交竣工报告的时间和份数：_____

第三十三条　竣工结算

33.1 结算方式：_____

33.2 乙方提交结算报告的时间：_____

33.3 甲方批准结算报告的时间：_____

33.4 甲方将拨款通知送达经办银行的时间：_____

33.5 甲方违约的责任：_____

第三十四条　保修

34.1 保修内容、范围：_____

34.2 保修期限：_____

34.3 保修金额和支付方法：_____

34.4 保修金利息：_____

第三十五条　争议

争议的解决方式：本合同在履行过程中发生争议，双方应及时协商解决；协商不成时，双方同意由_____仲裁委员会仲裁（双方不在合同中约定仲裁机构，事后又未达成书面仲裁协议的，可向人民法院起诉）。

第三十六条　违约

36.1 违约的处理：_____

36.2 违约金的数额：_____

36.3 损失的计算方法：_____

36.4 甲方不按时付款的利息率：_____

第三十七条　索赔

第三十八条　安全施工

第三十九条 专利技术和特殊工艺

第四十条 不可抗力

不可抗力的认定标准：_____

第四十一条 保险

第四十二条 工程停建或缓建

第四十三条 合同生效与终止

合同生效日期：_____

第四十四条 合同份数

44.1 合同副本份数：_____

44.2 合同副本的分送责任：_____

44.3 合同制订费用：_____

甲方（盖章）：_____ 乙方（盖章）：_____

地址：_____ 地址：_____

法定代表人：_____ 法定代表人：_____

代理人：_____ 代理人：_____

电话：_____ 电话：_____

传真：_____ 传真：_____

邮政编码：_____ 邮政编码：_____

开户银行：_____ 开户银行：_____

账号：_____ 账号：_____

合同订立时间：_____年_____月_____日

鉴（公）证意见：_____

经办人：_____

鉴（公）证机关（盖章）：_____

_____年_____月_____日

附表1　　　　　　　　　×××工程项目一览表

单位或分部工程名称	建筑面积	装饰内容	工程造价	开工日期	竣工日期

附表2　　　　　　　　　×××工程甲方供应材料设备一览表

序号	材料或设备名称	规格型号	单位	数量	单价	供应时间	供应时间	备注

建筑装饰工程施工合同（乙种本）

[适用于小型建筑装饰工程]

发包方：_____（以下简称甲方）

承包方：_____（以下简称乙方）

按照《中华人民共和国经济合同法》和《建筑安装工程承包合同条例》的规定，结合本工程具体情况，双方达成如下协议。

第一条　工程概况

1.1　工程名称：_____

1.2　工程地点：_____

1.3　承包范围：_____

1.4　承包方式：_____

1.5　工期：本工程自_____年_____月_____日开工，于_____年_____月_____日竣工。

1.6　工程质量：_____

1.7　合同价款（人民币大写）：_____

第二条　甲方工作

2.1　开工前_____天，向乙方提供经确认的施工图纸或做法说明_____份，并向乙方进行现场交底。全部腾空或部分腾空房屋，清除影响施工的障碍物。对只能部分腾空的房屋中所滞留的家具、陈设等采取保护措施。向乙方提供施工所需的水、电、气及电讯等设备，并说明使用注意事项。办理施工所涉及的各种申请、批件等手续。

2.2　指派_____为甲方驻工地代表，负责合同履行。对工程质量、进度进行监督检查，办理验收、变更、登记手续和其他事宜。

2.3　委托_____监理公司进行工程监理，监理公司任命_____为总监理工程师，其职责在监理合同中应明确，并将合同副本交乙方____份。

2.4　负责保护好周围建筑物及装修、设备管线、古树名木、绿地等不受损坏，并承担相应费用。

2.5　如确实需要拆改原建筑物结构或设备管线，负责到有关部门办理相应审批手续。

2.6　协调有关部门做好现场保卫、消防、垃圾处理等工作，并承担相应费用。

第三条　乙方工作

3.1　参加甲方组织的施工图纸或做法说明的现场交底，拟定施工方案和进度计划，交甲方审定。

3.2　指派_____为乙方驻工地代表，负责合同履行。按要求组织施工，保质、保量、按期完成施工任务，解决由乙方负责的各项事宜。

3.3　严格执行施工规范、安全操作规程、防火安全规定、环境保护规定。严格按照图纸或作法说明进行施工，做好各项质量检查记录。参加竣工验收，编制工程结算。

3.4　遵守国家或地方政府及有关部门对施工现场管理的规定，妥善保护好施工现场周围建筑物、设备管线、古树名木不受损坏。做好施工现场保卫和垃圾消纳等工作，处理好由于施工带来的扰民问题及与周围单位（住户）的关系。

3.5　施工中未经甲方同意或有关部门批准，不得随意拆改原建筑物结构及各种设备管线。

3.6　工程竣工未移交甲方之前，负责对现场的一切设施和工程成品进行保护。

第四条　关于工期的约定

4.1　甲方要求比合同约定的工期提前竣工时，应征得乙方同意，并支付乙方因赶工采取的措施费用。

4.2　因甲方未按约定完成工作，影响工期，工期顺延。

4.3　因乙方责任，不能按期开工或中途无故停工，影响工期，工期不顺延。

4.4　因设计变更或非乙方原因造成的停电、停水、停气及不可抗力因素影响，导致停工8小时以上（一周内累计计算），工期相应顺延。

第五条　关于工程质量及验收的约定

5.1　本工程以施工图纸、做法说明、设计变更和《建筑装饰工程施工及验收规范》（GB 50210—2001）、《建筑安装工程质量检验评定统一标准》（GBJ 300—88）等国家制定的施工及验收规范为质量评定验收标准。

5.2　本工程质量应达到国家质量评定合格标准。甲方要求部分或全部工程项目达到优良标准时，应向乙方支付由此增加的费用。

5.3　甲乙双方应及时办理隐蔽工程和中间工程的检查与验收手续。甲方不按时参加隐蔽工程和中间工程验收，乙方可自行验收，甲方应予承认。若甲方要求复验时，乙方应按要求办理复验。若复验合格，甲方应承担复验费用，由此造成停工，工期顺延；若复验不合格，其复验及返工费用由乙方承担，但工期也予顺延。

5.4　由于甲方提供的材料、设备质量不合格而影响工程质量，其返工费用由甲方承担，工期顺延。

5.5　由于乙方原因造成质量事故，其返工费用由乙方承担，工期不顺延。

5.6　工程竣工后，乙方应通知甲方验收，甲方自接到验收通知＿＿＿＿日内组织验收，并办理验收、移交手续。如甲方在规定时间内未能组织验收，需及时通知乙方，另定验收日期。但甲方应承认竣工日期，并承担乙方的看管费用和相关费用。

第六条　关于工程价款及结算的约定

6.1　双方商定本合同价款采用第＿＿＿＿＿＿＿＿项：

6.1.1　固定价格。

6.1.2　固定价格加＿＿＿＿＿＿＿＿%包干风险系数计算。包干风险包括内容。

6.1.3　可调价格：按照国家有关工程计价规定计算造价，并按有关规定进行调整和竣工结算。

6.2　本合同生效后，甲方分＿＿＿＿＿＿＿＿次，按附表3约定支付工程款，尾款竣工结算时一次结清。

附表3　　　　　　　　　　　支付工程款约定表

拨款分＿＿＿＿次进行	拨款＿＿＿＿%	金　　额

6.3　工程竣工验收后，乙方提出工程结算并将有关资料送交甲方。甲方自接到上述资料＿＿＿＿＿＿天内审查完毕，到期未提出异议，视为同意。并在＿＿＿＿＿＿天内，结清尾款。

第七条　关于材料供应的约定

7.1　本工程甲方负责采购供应的材料、设备，应为符合设计要求的合格产品，并应按时供应到现场。凡约定由乙方提货的，甲方应将提货手续移交给乙方，由乙方承担运输费用。由甲方供应的材料、设备发生了质量问题或规格差异，对工程造成损失，责任由甲方承担。甲方供应的材料，经乙方验收后，由乙方负责保管，甲方应支付材料价值＿＿＿＿＿＿＿＿%的保管费。由于乙方保管不当造成损失，由乙方负责赔偿。

7.2　凡由乙方采购的材料、设备，如不符合质量要求或规格有差异，应禁止使用。对工程造成的损失由乙方负责。

第八条　有关安全生产和防火的约定

8.1　甲方提供的施工图纸或做法说明，应符合《中华人民共和国消防条例》和有关防火设计规范。

8.2　乙方在施工期间应严格遵守《建筑安装工程安全技术规程》、《建筑安装工人安全操作规程》、《中华人民共和国消防条例》和其他相关的法规、规范。

8.3　由于甲方确认的图纸或做法说明，违反有关安全操作规程、消防条例和防火设计规范，导致发生安全或火灾事故，甲方应承担由此产生的一切经济损失。

8.4　由于乙方在施工生产过程中违反有关安全操作规程、消防条例，导致发生安全或火灾事故，乙方应承担由此引发的一切经济损失。

第九条　奖励和违约责任

9.1　由于甲方原因导致延期开工或中途停工，甲方应补偿乙方因停工、窝工所造成的损失。每停工或窝工一天，甲方支付乙方＿＿＿＿＿＿＿元。甲方不按合同的约定拨付款，每拖延一天，按付款额的＿＿＿＿＿＿＿％支付滞纳金。

9.2　由于乙方原因，逾期竣工，每逾期一天，乙方支付甲方＿＿＿＿＿＿＿元违约金。甲方要求提前竣工，除支付赶工措施费外，每提前一天，甲方支付乙方＿＿＿＿＿＿＿元，作为奖励。

9.3　乙方按照甲方要求，全部或部分工程项目达到优良标准时，除按本合同5.2款增加优质价款外，甲方支付乙方＿＿＿＿＿＿＿元，作为奖励。

9.4　乙方应妥善保护甲方提供的设备及现场堆放的家具、陈设和工程成品，如造成损失，应照价赔偿。

9.5　甲方未办理任何手续，擅自同意拆改原有建筑物结构或设备管线，由此发生的损失或事故（包括罚款），由甲方负责并承担损失。

9.6　未经甲方同意，乙方擅自拆改原建筑物结构或设备管线，由此发生的损失或事故（包括罚款），由乙方负责并承担损失。

9.7　未办理验收手续，甲方提前使用或擅自动用，造成损失由甲方负责。

9.8　因一方原因，合同无法继续履行时，应通知对方，办理合同终止协议，并由责任方赔偿对方由此造成的经济损失。

第十条　争议或纠纷处理

10.1　本合同在履行期间，双方发生争议时，在不影响工程进度的前提下，双方可采取协商解决或请有关部门进行调解。

10.2　当事人不愿通过协商、调解解决或者协商、调解不成时，本合同在执行中发生的争议双方同意由＿＿＿＿＿＿＿＿＿＿仲裁委员会仲裁（当事人不在本合同约定仲裁机构，事后又没有达成书面仲裁协议的，可向人民法院起诉）。

第十一条　其他约定

第十二条　附则

12.1　本工程需要进行保修或保险时，应另订协议。

12.2　本合同正式两份，双方各执一份。副本＿＿＿＿＿＿份，甲方执＿＿＿＿＿份，乙方执＿＿＿＿＿份。

12.3　本合同履行完成后自动终止。

12.4　附件

12.4.1　施工图纸或制作说明。

12.4.2　工程项目一览表。

12.4.3　工程预算书。

12.4.4　甲方提供货物清单。

12.4.5　会议纪要。

12.4.6　设计变更。

12.4.7　其他 ＿＿＿＿＿＿＿＿＿＿＿＿＿＿＿＿＿＿＿＿＿＿＿＿＿＿＿＿

甲方（盖章）：	乙方（盖章）：
法定代表人：＿＿＿＿＿＿＿＿＿	法定代表人：＿＿＿＿＿＿＿＿＿
代理人：＿＿＿＿＿＿＿＿＿＿＿	代理人：＿＿＿＿＿＿＿＿＿＿＿
单位地址：＿＿＿＿＿＿＿＿＿＿	单位地址：＿＿＿＿＿＿＿＿＿＿
电话：＿＿＿＿＿＿＿＿＿＿＿＿	电话：＿＿＿＿＿＿＿＿＿＿＿＿
传真：＿＿＿＿＿＿＿＿＿＿＿＿	传真：＿＿＿＿＿＿＿＿＿＿＿＿
邮政编码：＿＿＿＿＿＿＿＿＿＿	邮政编码：＿＿＿＿＿＿＿＿＿＿
开户银行：＿＿＿＿＿＿＿＿＿＿	开户银行：＿＿＿＿＿＿＿＿＿＿
户名：＿＿＿＿＿＿＿＿＿＿＿＿	户名：＿＿＿＿＿＿＿＿＿＿＿＿
账号：＿＿＿＿＿＿＿＿＿＿＿＿	账号：＿＿＿＿＿＿＿＿＿＿＿＿
＿＿年＿＿月＿＿日	＿＿年＿＿月＿＿日

附表4　　　　　　　×××工程甲方供应材料设备一览表

序号	材料或设备名称	规格型号	单位	数量	单价	供应时间	送达地点	备注

2.3　施工阶段涉及的资料

2.3.1　工程变更

1. 定义

在工程项目实施过程中，按照合同约定的程序对部分或全部工程在材料、工艺、功能、构造、尺寸、技术指标、工程数量及施工方法等方面做出的改变。工程变更包括工程量变更、工程项目的变更（如发包人提出增加或删减原项目的内容）、进度变更、施工条件的变更等。

2. 分类

按变更的起因分，工程变更可分为：

（1）发包单位提出的变更：如发包人修改项目计划、发包人削减预算、发包人对项目进度有了新的要求、由于工程环境变化而必须改变原设计等。

（2）设计单位提出的变更：由于设计图纸上的错误，必须对图纸进行修改。

（3）承包单位提出的变更：由于产生了新技术，有必要改变原设计、实施方案、实施计划，或承包单位为了施工方便而提出的变更。

3. 工程变更的审批程序

（1）提出变更，承包单位提出的变更见表2-5，发包单位、设计单位提出的变更见表2-6。

（2）工程变更涉及到增加或减少工程投资费用时，应要求提出单位或相关单位将工程变更所引起的费用变化申报给工程师，见表2-7。

（3）工程师对申报的变更费用进行审核，见表2-8。

（4）发包人审核工程师对变更费用的处理意见，决定是否批准工程师的审核表；并与承包商协商，以确定最终的变更费用，见表 2-9。

(5) 根据最终的变更费用的决定，调整工程价款，见表 2-10。

4. 如何识读表格

表格可分为以下两种类型：

(1) 承包人用表。以 CB×× 表示。

(2) 监理机构用表。以 JL×× 表示。

(3) 表头应采用如下格式：

CB11	施 工 放 样 报 检 单
	（承包 ［　　　］ 放样　　　号）

注　1. "CB11"—表格类型及序号。

　2. "施工放样报检单"—表格名称。

　3. "承包 ［　　　］ 放样　　号"—表格编号。其中："承包"：指该表以承包人为填表人，当填表人为监理机构时，即以"监理"代之。当监理工程范围包括两个以上承包人时，为区分不同承包人的用表，"承包"可用其简称表示。［　　］：年份，［2008］表示 2008 年的表格。"放样"：表格的使用性质，即用于"放样"工作。"号"：一般为 3 位数的流水号。

如承包人简称为"华安"，则 2008 年承包人向监理机构报送的第 3 次放样报表可表示为：

CB11	施 工 放 样 报 检 单
	（华安 ［2008］ 放样 003 号）

2.3.2　索赔

1. 索赔的概念

索赔指承包人（施工单位）在合同实施过程中，对非自身原因造成的工程延期、费用增加而要求发包人给予补偿损失的一种权利要求。本教材只介绍费用索赔。

2. 费用索赔的申报条件

承包单位提出费用索赔的理由同时满足以下条件时，项目监理部予以受理。

(1) 索赔事件造成了承包单位直接经济损失。

(2) 索赔事件是由于非承包单位的责任发生的。

(3) 承包单位已按照施工合同规定的期限和程序提出费用索赔申请表，并附有索赔凭证材料。

3. 《建设工程施工合同文本》规定的费用索赔程序

(1) 索赔事件发生 28 天内，承包人向工程师发出索赔意向通知，见表 2-11，总监理工程师指定专业监理工程师收集与索赔有关的资料；逾期申报时，工程师有权拒绝承包人的索赔要求。

(2) 承包人发出索赔意向通知书 28 天内，向工程师提出经济补偿损失的索赔申请报告及有关证据资料，见表 2-12。

(3) 工程师在收到承包人送交的索赔报告和有关资料后，进行费用索赔审查，并在初步确定一个额度后，与承包单位和建设单位进行协商，于 28 天内给予答复，见表 2-13；工程师在 28 天内未予答复，视为该项索赔已经认可。

(4) 发包人根据事件发生情况、合同条款规定审核承包人的索赔申请和工程师的处理报告，决定是否批准工程师的审核表；并与承包商协商，以确定最终的索赔金额，见表 2-14。

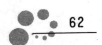

CB23

表 2 – 5

变 更 申 请 报 告

（承包〔　　〕变更　　号）

合同名称：

合同编号：

致：（监理机构）	
由于＿＿＿＿＿＿＿原因，我方今提出工程变更。变更内容详见附件，请贵方审批。 　　附件：1. 工程变更建议书。 　　　　　2. 承包人：（全称及盖章） 项目经理：（签名） 日　　期：　年 月 日	
监理机构 初步意见	监理机构：（全称及盖章） 总监理工程师：（签名） 日　　　期：　年 月 日
设计单位 意　见	设计单位：（全称及盖章） 负责人：（签名） 日　　期：　年 月 日
发包人 意　见	发包人：（全称及盖章） 负责人：（签名） 日　期：　年 月 日
批复意见	监理机构：（全称及盖章） 总监理工程师：（签名） 日　　　期：　年 月 日

注　本表一式＿＿＿＿＿＿份，由承包人填写。监理机构、设计单位、发包人三方审签后，承包人、监理机构、发包人、设代机构各 1 份。

JL13

表 2－6

变　更　指　示

（监理 ［　　］变指　　号）

合同名称：　　　　　　　　　　　　　　　　　　　　　　　　　　　　　　合同编号：

致：（承包人）

　　现决定对本合同项目作如下变更或调整，你方应根据本指示于＿＿＿＿年＿＿＿＿月＿＿＿＿日前提交相应的施工技术方案、进度计划。

变更项目名称	
变更内容简述	
变更工程量	
变更技术要求	
其 他 内 容	

附件：变更文件、施工图纸。

监 理 机 构：（全称及盖章）

总监理工程师：（签名）

日　　　　期：　　年　月　日

接受变更指示，并按要求提交施工技术方案、进度计划。

承 包 人：（全称及盖章）

项 目 经 理：（签名）

日　　　期：　　年　月　日

注　本表一式＿＿＿＿份，由监理机构填写。承包人签字后，承包人、监理机构、发包人、设代机构各 1 份。

CB26

表 2－7 变更项目价格申报表

（承包〔　　〕变价　　号）

合同名称：　　　　　　　　　　　　　　　　　　　　　　　　　　　　　合同编号：

致：（监理机构）

　　根据＿＿＿＿＿＿＿＿＿工程变更指示（监理〔　　〕变指　　号）的工程变更内容，对下列项目单价申报如下，请贵方审核。

　　附件：变更单价报告（原由、工程量、编制说明、单价分析表）。

序　号	项目名称	单　位	申报单价	备　注
1				
2				
3				
4				
5				

承 包 人：（全称及盖章）

项目经理：（签名）

日　　期：　年　月　日

监理机构将另行签发审核意见。

监理机构：（全称及盖章）

签 收 人：（签名）

日　　期：　年　月　日

注　本表一式＿＿＿＿＿＿份，由承包人填写。随同监理审核表、变更项目价格签认单或监理暂定价格文件，发包人、监理机构、承包人各1份。

JL14

表 2－8 　　　　　　　　　　　　　　**变更项目价格审核表**

（监理 ［　　］ 变价审　　号）

合同名称：　　　　　　　　　　　　　　　　　　　　　　　　　　　　　　　合同编号：

致：（承包人）				
根据有关规定和施工合同约定，你方提出的变更项目价格申报表（承包 ［　　］ 变价　　号），经我方审核，变更项目价格如下。				
序　号	项 目 名 称	单　位	监理审核单位	备　注
附注：				

监　理　机　构：（全称及盖章）

总监理工程师：（签名）

日　　　　　期：　　年　月　日

注　本表一式_____份，由监理机构填写。承包人、监理机构、发包人各1份。

JL15

表 2 - 9

变更项目价格签认单

（监理 ［ 　 ］ 变价签 　 号）

合同名称： 　　　　　　　　　　　　　　　　　　　　　　　　　　　　　　　　　　　　合同编号：

根据有关规定和施工合同约定，经友好协商，发包人、承包人原则同意监理机构签发的变更项目价格审核表（监理 ［ 　 ］ 变价审 　 号），最终确定变更项目价格如下。

序　号	项 目 名 称	单　位	核 定 单 价	备　注

承 包 人：（全称及盖章）
项目经理：（签名）
日　　期：　年　月　日

发 包 人：（全称及盖章）
负责人：（签名）
日　　期：　年　月　日

监 理 机 构：（全称及盖章）
总监理工程师：（签名）
日　　期：　年　月　日

注　本表一式_____份，由监理机构填写。各方签字后，监理机构、发包人各 1 份，承包人 2 份，办理结算时使用。

JL16

表 2－10

变 更 通 知

（监理 〔　　　〕 变通　　号）

合同名称：　　　　　　　　　　　　　　　　　　　　　　　　　　　　　　　　　合同编号：

致：（承包人）

根据□变更项目价格签认单（监理〔　　〕变价签　　号）/□批复表（监理〔　　〕批复　　号），你方按本通知调整价款和工期。

项目号	变更项目内容	单　位	数量 （增加或减少）	单　价	增加金额 （元）	减少金额 （元）
合　计						

合同工期日数的增加：

1. 原合同工期（日历天）＿＿＿＿＿＿＿（天）。

2. 本通知同意延长工期日数＿＿＿＿＿＿（天）。

3. 现合同工期（日历天）＿＿＿＿＿＿＿（天）。

监 理 机 构：（全称及盖章）

总监理工程师：（签名）

日　　　　期：　年　月　日

承包人：（全称及盖章）

签收人：（签名）

日　　期：　年　月　日

注　本表一式＿＿＿＿＿＿份，由监理机构填写。承包人签字后，承包人 2 份，监理机构、发包人各 1 份。

CB27

表 2－11

索 赔 意 向 通 知

（承包 [   ] 赔通   号）

合同名称：

合同编号：

致：（监理机构）
由于＿＿＿＿＿＿＿＿＿原因，根据施工合同的约定，我方拟提出索赔申请，请贵方审核。   　　附件：索赔意向书（包括索赔事件、索赔依据等）。   承 包 人：（全称及盖章）   项目经理：（签名）   日　　期：　年　月　日
监理机构将另行签发批复意见。
          监理机构：（全称及盖章）   签 收 人：（签名）   日　　期：　年　月　日

注　本表一式＿＿＿＿＿份，由承包人填写。监理机构审签后，随同批复意见，承包人、监理机构、发包人各 1 份。

CB28

表 2－12

索 赔 申 请 通 知

（承包［　　］赔报　　号）

合同名称：
　　　　　　　　　　　　　　　　　　　　　　　　　　　　　　　合同编号：

致：（监理机构）
　　根据有关规定和施工合同约定，我方对＿＿＿＿＿＿＿＿＿事件申请赔偿金额为（大写）＿＿＿＿＿（小写＿＿＿＿），请贵方审核。

　　附件：索赔申请报告。主要内容包括：
　　1. 事因简述。
　　2. 引用合同条款及其他依据。
　　3. 索赔计算。
　　4. 索赔事实发生的当时记录。
　　5. 索赔支持文件。

承 包 人：（全称及盖章）
项目经理：（签名）
日　　期：　年　月　日

监理机构将另行签发审核意见。

监理机构：（全称及盖章）
签 收 人：（签名）
日　　期：　年　月　日

注　本表一式＿＿＿＿份，由承包人填写。监理机构审签后，随同审核意见，承包人、监理机构、发包人各1份。

表 2－13　　　　　　　　　　　　　　费 用 索 赔 审 核 表

（监理 〔　　　〕索赔审　　　号）

合同名称：

合同编号：

致：（承包人）

　　根据有关规定和施工合同约定，你方提出的索赔申请报告（承包 〔　　　〕赔报　　号），索赔金额（大写）

_____（小写_____），经我方审核：

□不同意此项索赔

□同意此项索赔，核准索赔金额为（大写）_____（小写_____）

附件：索赔分析、审核文件。

监 理 机 构：（全称及盖章）

总监理工程师：（签名）

日　　　期：　　年　　月　　日

注　本表一式_____份，由监理机构填写。承包人、监理机构、发包人各1份。

表 2－14

费 用 索 赔 签 认 单

（监理 ［　　］索赔签　　号）

合同名称：

根据有关规定和施工合同约定，经友好协商，发包人、承包人原则同意监理机构签发的费用索赔审核表［监理 ［　　］索赔审（　　）号］，最终核定索赔金额确定为（大写）＿＿＿＿＿＿＿（小写＿＿＿＿＿＿）。

承 包 人：（全称及盖章）

项目经理：（签名）

日　　期：　年　月　日

发 包 人：（全称及盖章）

负责人：（签名）

日　　期：　年　月　日

监 理 机 构：（全称及盖章）

总监理工程师：（签名）

日　　期：　年　月　日

注　本表一式＿＿＿＿＿＿份，由监理机构填写。各方签字后，监理机构、发包人各 1 份，承包人 2 份，办理结算时使用。

餐厅包间装饰工程

施 工 招 标 文 件

标号：××

二〇〇八年六月

第一章　投标须知

前　附　表

项号	内　容　规　定
1	工程综合说明： 工程名称：××市会议中心×号楼餐厅改造工程4800m²，招标范围内工程造价约500万元 招标范围：装修、安装（给排水、暖通、强电、弱电、消防等）及零星工程 承包方式：包工包料 招标质量等级：合格 文明工地要求：不要求 招标工期：80天（日历天） 计划开工日期：2007年5月31日
2	资金来源：①政府投资100％②自筹____％③贷款____％④外资____％
3	投标保证金数额为人民币壹拾万元，资料费：500元
4	投标有效期：投标截止期结束后__82__天
5	踏勘现场时间：投标提疑前，必须自行踏勘，踏勘前请先电话联系招标人。 踏勘现场地点：××市会议中心
6	投标答疑书面答复时间：2007年5月10日。投标单位对招标文件及图纸如有疑问，请将疑问于2007年5月8日11：00时前以书面形式递交或传真至招标代理单位。（代理单位名称：××资产评估有限公司；联系地址：××市××路××号四楼；电话：××；传真：××；联系人：××）
7	投标文件份数：商务标正本份数为一份，副本份数为四份（正、副本均为投标文件的全套）；技术标五份（暗标，不分正、副）；清标专用光盘一份（由广联达惠中软件有限公司提供）
8	最高限价公布时间：2007年5月22日 公布地点：××市建设工程××市场一楼信息公布栏（http：//www.××.com/也可详细查询）
9	投标文件递交： 截止时间：2007年5月25日14：00时 地点：××市建设工程交易中心［在××市工程建设网（http：//www.××.com/可查询详细地点）］
10	开标时间：2007年5月25日14：00时 地点：××市建设工程交易中心［在××市工程建设网（http：//www.××.com/可查询详细地点）］

一、总则

（一）工程概况

1. 工程综合说明和招标范围及承包方式：

（1）工程名称：××市会议中心七号楼餐厅改造工程。

（2）招标范围：装修、安装（给排水、暖通、强电、弱电、消防等）及零星工程。

（3）承包方式：双包。

2. 招标工期：80天（日历天）；投标工期提前的控制范围采用下列第1种方法。

（1）投标工期不要求比招标工期提前，提前不保证能中标，但投标人可以提前。

（2）投标工期提前控制在省定额工期_____％（或_____天）以内，超过范围不另加分。

特别要求：2007 年 7 月 1 日前，厨房区域的装修、水电安装工程必须竣工。届时要交付给厨房设备安装单位进行设备安装。

3. 招标质量要求：

总体要求合格；其中消防应通过相关行政主管部门的消防验收、配电设施应通过相关部门的验收。其他按相关文件规定执行。

中标单位，除按常规提供装修材料的合格证和绿色环保合格证外，所承担的装修区域，必须一次通过室内环境综合质量检测。若不能一次通过检测，除继续履行合同整改达到相关检测要求外，还必须无条件承担装饰工程总造价 10% 的违约金。

甲方根据需要，部分或全部的进行以下检测，均要求中标单位施工的装饰区域一次性通过检测，具体为：

《民用建筑工程室内环境污染控制规范》（GB 50325—2001）

《室内空气质量标准》（GB/T 18883—2002）

《建筑材料放射性核素限量》（GB 6566—2001）

《室内装饰装修材料人造板及其制品中甲醛释放限量》（GB 18580—2001）

《室内装饰装修材料木家具中有害物质限量》（GB 18584—2001）

另外，必须通过卫生、防疫对施工方面的验收。

4. 现场条件：

（1）施工场地拆迁及平整情况：已到位。

（2）施工用水、电：已通到施工现场内，内部由施工单位负责。

（3）场内外道路：已到位。

（4）×号楼餐厅施工期间，会议中心其他区域将正常营业，中标单位应服从甲方的现场管理，施工人员在施工过程中应着统一的工作装，注意仪容仪表，举止文明，施工不得影响甲方的正常营业工作，营业设备、设施未经许可不得接触使用。

（5）施工期间施工通道、物品进出、垃圾清运、动火作业及易燃物品存放须遵守业主的规章制度和消防安全制度。

（6）考虑到会议中心的正常营业，要求中标人的施工时间为每天 8：00～19：00，其他时间不得进行施工作业。

（7）施工现场不得留住施工人员。

（8）×号楼餐厅改造工程在施工时须文明施工，中标人须健全各项规章制度，按提供的工程进度时间施工，同时对今后仍需使用的设施设备（如卫生洁具、空调系统、消防系统、部分弱电系统等）须采取保护措施不得损坏，如有损坏，业主有权要求中标人照价赔偿。

5. 分包：招标人另有厨房设备的专业安装、原有设备的维修工作及其他专业分包单位须同时进场施工，中标单位需无条件提供配合、协调。

6. 本次招标范围内原有装修的拆除和垃圾清运，由投标人按招标人要求负责实施，拆除后招标人认为有利用价值的材料、成品及设备（特指成套材料、成品、设备和本次需再次使用的材料、成品、设备）须按招标人要求移交给招标人，其他垃圾须外运。拆除的工作量以料代工（含外运及特管费），不再办理现场签证，投标时不单独列项。投标人可在投标时根据现场情况在确定投标下浮率时平衡，结算不调整。

拆除工程中，中标人应将招标人认为有利用价值的材料、成品及设备按投标人的要求拆除、整理、放置。

7. 维修设备的维修和重新安装费用，按现场签证数量，结算时单价按计价规定以投标下浮率结算。

8. 按照××市建设工程施工招投标有关规定，上述工程已办理招标申请，并得到××市建设工程招投标办公室（以下简称"市招标办"）的批准，现采用公开方式，择优选定施工单位。

（二）投标单位资格要求

1. 参加投标的施工单位必须具有独立法人资格。

2. 施工企业资质等级：建筑装修装饰工程专业承包二级（含二级）以上资质。

3. 项目经理资格等级：拟选派的项目经理须具备二级及以上资质。

4. 参加投标的项目经理必须具有项目经理证书，并不得擅自变更。

（三）投标费用

投标单位应承担其编制投标文件及递交投标文件所涉及的一切费用。无论投标结果如何，招标单位对上述费用不负任何责任。

二、招标文件说明

（一）招标文件的组成

招标文件包括下列文件及投标答疑补充文件、所有补充通知等。

1. 投标须知。

2. 合同主要条款。

3. 招标文件。

4. 技术规范。

5. 图纸。

6. 工程量清单。

7. 招标文件的修改和澄清的通知。

8. 招标文件电子光盘中包括：①电子标书格式的工程量清单，用于投标人填报，形成投标文件电子标书；②Excel格式的所有工程量清单，用于投标人在计价软件中导入进行投标报价；③全套商务标标书的预算软件拷贝。

（二）招标预备

1. 投标单位自行组织对工程施工现场和周围环境自行踏勘（踏勘地点：××市道前街××号），踏勘现场所发生的费用由投标单位承担。

2. 投标单位在收到招标文件后，如有疑问需要澄清，请于2007年5月8日11：00时前以书面形式递交或传真至招标代理单位（代理单位名称：××资产评估有限公司，联系地址：××市××路××号四楼，电话：××，传真：××），由投标答疑而产生的招标文件内容的修改，招标代理单位将按本文件中有关招标文件的修改和澄清的规定，将解答的内容以书面形式于2007年5月10日发至各单位和标底编制单位及其他有关部门，该澄清或修改的内容作为招标文件的组成部分。

3. 投标单位对招标单位提供的招标文件和踏勘现场所提供的现场资料和数据做出的推论、解释和结论及由此所造成的后果，招标单位概不负责。

（三）招标文件的修改

1. 投标截止时间15天前，招标单位另有需补充或修改的事宜均以书面补充通知的方式通知所有招标文件收受人，并同时报××市区招标办备案。补充通知将作为招标文件的组成部分，具有与招标文件同等效力。

2. 补充通知以书面方式发给各投标单位、标底编制单位和其他有关部门。

3. 为使投标单位在编制投标文件时，将补充通知修改的内容考虑进去，招标单位可以延长投标截止时间（延长时间在补充通知中写明）。

三、投标报价

（一）投标报价

投标报价应包括招标文件所确定的招标范围内相应图纸和工程量清单内的全部内容，以及为完成上述内容所必需的附属工程、临时工程、开办费、技术措施费、风险费、材料、劳务、机械设备、安装、维护、利润、税金及政策性文件规定费用等所有费用。

投标人应先到工地踏勘以充分了解工地位置、情况、道路、储存空间、装卸限制及任何其他足以影响承包价的情况，任何因忽视或误解工地情况而导致的索赔或工期延长申请将不被批准。

（二）投标报价方式

本工程项目采用下列第1种方式。

1. 固定单价报价。投标单位应充分考虑施工期间各类建材的市场风险和国家政策性调整风险系数（风险系数自己确定），自行考虑材料市场价格，确定投标单价和合价。该单价为综合单价，包括完成该项目过程发生的成本、利润、税金、开办费、技术措施费、大型机械进出场费、风险费、政策性文件规定费用、调试费和培训费等所有费用，今后不做调整（合同另有规定的除外）。工程实施过程中，除建设单位要求变更的工作内容外，投标报价单价今后不做调整。在工程实施过程中，建设单位有权调整工作内容，变更主材品牌及材质等，变更的内容相应调整，变更部分的材料价格作为参考，最终由造价咨询单位确定。每一个项目只允许有一个报价。任何有选择的报价将不予接受。投标单位未填单价或合价的工程项目，在实施后，招标人将不予支付，并视为该项费用已包括在其他有价款的单价或合价内。

执行固定综合单价报价的基本规定（有合同约定条款的按合同约定执行）：

（1）投标单位投标时，必须按统一的工程量清单报价，但中标后，在施工过程中，不论由于工程量清单有误或漏项，还是由于设计变更、现场签证等引起的新的工程量清单项目或清单项目工程数量的增减，均按实调整。

（2）合同中综合单价因工程量变更需调整时，除合同另有约定外，应按照下列办法确定：

1）工程量清单漏项或设计变更引起新增的工程量清单项目或招标时按暂定并在实际施工中实施的新增工程量清单项目，其综合单价核定原则为：①招标工程量清单中已有并适用于新增工程项目的综合单价，按清单已有的综合单价执行；②招标工程量清单中有类似于新增工程项目的综合单价（经监理、造价审核、发包方核定后）可以参照类似综合单价执行；③合同中没有适用或类似于新增工程的综合单价，由承包人根据2004版《××市建筑与装饰工程量清单综合单价参考表》，提出适当的综合单价，经监理、造价审核，发包人确认并按中标下浮率下浮后核定综合单价，但最后决算按造价咨询单位核定价格确认。

2）原投标综合单价中有发包人约定为暂定材料价格的，结算时按发包人确认后的材料价格替换招标时所约定的暂定材料价格，并按中标下浮率下浮后，作为结算的依据，最后决算按造价咨询单位核定价格确认。

3）原投标综合单价中的材料应发包人要求变更或重新核价时，结算时按发包人确认后的变更材料价格替换原中介机构编制的标底中的综合单价分析表中的材料价格，并按中标下浮率下浮后，作为结算的依据，最后决算按造价咨询单位核定价格确认。

4）当发包人按合同权利提出供应某种材料或某项单独分包专业工程时，从投标书扣除该部分的价格，按标底价乘中标下浮率扣除。

5）因为本工程工期较短，在合同执行期间，主要材料（含设备）价格发生上涨或者下降时（即使主要材料价格涨跌超出有经验的承包人可预见的范围），材料价格涨跌含在本合同招标风险范围内，不做调整。

6）以上提及的中标下浮率计算公式为：中标下浮率＝（标底价－中标价）/［标底价－其他项目清单计价表中的招标人部分×（1＋规费＋税金）］。

未尽事宜，由承包人提出，经监理、造价审核，发包人确认并按中标下浮率下浮后，作为结算的依据，但最后决算按造价咨询单位核定价格确认。

2. 可变价格报价。投标单位的投标报价可根据合同实施期间的市场变化按市有关文件的规定变动。

（三）投标报价的计价方法

本工程项目采用工程量清单计价的方法。投标单位应按招标人提供的图纸和工程量清单以及相关技术资料、施工现场的实际情况、拟定的施工方案和施工组织设计等，根据企业定额、工程材料现行市场价格并考虑工程实施过程中的风险因素，自主进行报价，但投标报价不得低于成本价。工程量清单中规定设备规格的，投标单位不得随意更改；工程量清单中规定了设备的技术工艺要求的，投标单位必须予以满足。若发现投标单位报价中设备规格与工程量清单中的规格不同，或投标单位所报设备的技术工艺参数与工程量清单中不符的，将被视为不能实质性响应招标文件，该投标单位将被拒绝中标。

投标报价要求内容包括工程项目汇总表、单位工程费汇总表、分部分项工程量清单计价表、措施项目清单计价表、其他项目清单计价表、零星工作项目计价表、分部分项工程量清单综合单价分析表、措施项目费分析表、主要材料价格表等。

（四）投标报价编制依据

1. 建设部《建设工程工程量清单计价规范》（GB 50500—2003）。

2. 2004 版《××省建设工程工程量清单计价项目指引》。

3. 2004 版《××省建筑与装饰工程计价表》。

4. 2004 版《××省安装工程计价表》。

5. 2004 版《××市建筑与装饰工程量清单综合单价参考表》。

6. 施工图纸、招标文件、招标答疑及工程量清单等。

（五）投标报价编制要求

1. 报价时以工程量清单计价格式进行投标报价。

2. 本次报价以工程量清单为基准，根据市场行情自主报价。

3. 为保证工期，木饰面装饰以成品安装报价。

4. 清单的工作内容是按常规做法描述并以此作为编制标底和清单的基础。为保证清标工作的正常进行，各投标单位不可改变清标光盘刻录的内容，但投标单位可根据现场状况和施工经验，在组合单价时自行调整清单描述的节点或常规做法可能与实际施工产生的价格差异。投标单位须充分重视该部分的价格风险，决算时此类变更和深化设计不做调整。

5. 装饰施工节点不明部分，投标单位按相应的装饰档次和风格补充设计并自行在清单子目中调整报价。

6. 投标单位不得将①现场安全文明施工措施费；②工程定额测试费；③劳动保险费；④劳动保险费增加；⑤安全生产监督费；⑥税费等不可竞争费用降低标准收取，建筑管理费不计。

7. 投标文件报价中单价、合价均采用人民币表示。投标报价应根据招标文件中的工程量清单和有关要求、施工现场实际情况及拟定的施工方案或施工组织设计，依据企业定额或参照新计价表及本文规定、市场价格信息或工程造价管理部门发布的人工、材料、机械市场指导价，并考虑风险因素，进行自主报价，但不得低于企业成本价。

8. 工程量清单计价成果文件必须按照招标文件所提供的格式填入。

9. 按本招标文件附工程量清单格式报价外，还须单独列表对各工种人工单价进行报价，并须与综合单价相一致。

四、投标文件说明

（一）投标文件应包括的内容

投标文件应包括以下内容：商务标、技术标、光盘。投标人应当使用投标文件第六章中所提供的文件格式填写，如不够用时，投标人可按同样格式自行编制和添补。

包括以下内容：

商务标（一式五份、一正四副）：

1. 投标书。

2. 授权委托书（如有授权）。

3. 工程量清单计价表。

（1）封面。

（2）投标总价。

（3）工程项目总价表。

（4）单项工程费汇总表。

（5）单位工程费汇总表。

（6）分部分项工程量清单计价表。

（7）措施项目清单计价表。

（8）其他项目清单计价表。

（9）零星工程项目计价表。

（10）分部分项工程量清单综合单价分析表（投标时仅需在正本提供，中标后由中标单位再行提供四份）。

（11）措施项目费分析表。

（12）甲供材料、设备表。

（13）乙供主要材料、设备价格表。

（14）各工种人工单价表。

（15）其他反映组价和分析的数据表。

4. 资格证明材料：施工企业资质证书、企业营业执照、项目经理证书（凡提供复印件的必须加盖红印）。

5. 施工组织机构人员名单。

6. 企业或投标的分公司获得的业绩、社会信誉等资料，需提供但不考核。

7. 由企业法定代表人签发的《工程项目施工管理委托书》原件一份放于投标文件正本，其余复印。

8. 投标保证金收据复印件。

技术标（一式五份）：（应简明扼要，重点突出、针对性强；篇幅适宜，最好不超过60页）包括以下内容：

（1）施工组织设计，包括主要的施工方法，技术措施，主要机具设备及人员专业构成，质量保证体系及措施，施工计划、工期进度安排及保证措施，劳动力的安排，安全生产及文明施工保证措施，现场交通组织，施工平面布置图等。

（2）施工的主要机具设备配置、适用情况，关键施工设备的当前备有情况。

（3）主要施工管理人员及组织体系（涉及有关单位或人员名称的应放入商务标，技术标中只需写明工种职务）。

（4）临时工程和其他用途的用地需求。

（5）重点部位的施工工艺和要领。

电子标书光盘（一份）：

（1）投标文件电子标书光盘。

（2）投标单位提供的光盘必须是由广联达惠中软件有限公司提供的专用光盘。按照投标人使用帮助说明刻录数据。咨询电话为××。

（二）投标文件的格式和签署

1. 投标人递交的投标文件应包括商务标一份正本和四份副本，技术标五份（不分正副本）。正本包括投标人填写的招标文件所要求提交的全部文件和资料，投标文件副本可以复印。投标人应在商务标投标文件封面上正确标明"正本"、"副本"字样。正、副本都应装订成册。技术标为暗标，不分正、副本。投标文件的商务标和技术标应分别装订成册并密封。

2. 技术标采用暗标形式，技术标一律采用 A4 纸，白纸黑字，文字字体为宋体四号，1.5 倍行距。不设目录、页码。图表可采用 A3 纸，宋体，字号不限。

技术标封面、装订夹（装订夹高度不够可以增加高度，但式样颜色不变）统一提供，左面居中，盖板朝上装订，封底为 A4 白纸。技术标内容中不得出现任何公司的名称、地址、人员姓名、相关业绩等能反映投标企业的提示性内容，不得设置目录、页码、页眉、页脚，不分正、副本，也不得盖章签字，否则按废标处理。

3. 投标文件的正本应使用不能擦去的墨水清楚地书写或打印，由投标人的法定代表人或其授权的代理人签署，并将授权书附在其中。

4. 完整的投标文件不应有其他版本，全套投标文件应无修改和行间插字。如有修改，须在修改处加盖投标单位法定代表人或其委托代理人的印鉴。

（三）投标文件编制要求

1. 投标人必须根据总工期要求编制详细施工进度计划，设备进退场计划，材料进场计划。

2. 投标人应根据本招标书及本工程情况充分考虑风险因素，以决定是否投标，一旦决定投标，投标人必须按招标文件规定的投标书格式编制投标文件，否则将视为重大偏差。

（四）投标有效期

投标文件自投标截止时间起至前附表投标须知第 4 项规定的时间内有效。评标委员会不能在投标有效期结束日前完成评标和定标的，招标人将通知所有投标人延长投标有效期。拒绝延长投标有效期的投标人有权收回投标保证金。同意延长投标有效期的投标人应当相应延长其投标担保的有效期，但不得修改投标文件的实质性内容。因延长投标有效期造成投标人损失的，招标人将给予补偿，但因不可抗力需延长投标有效期的除外。

（五）投标保证金

1. 投标单位按投标须知要求在领取招标文件时向招标单位交纳人民币壹拾万元的资金作为投标保证金。

2. 投标保证金可用银行本票、银行汇票、保兑支票、银行保函等形式中的任何一种。

收款单位：××资产评估有限公司

开户银行：上海浦发银行××分行××支行

银行账号：××

3. 未中标单位的投标保证金在中标通知书发出后 7 天内，在其退回图纸、有关资料及投标保证金收据时以银行转账支票或银行汇票形式予以退还（无息）。

4. 中标单位的投标保证金在签订施工合同并提供了符合要求的履约保证金后，予以退还（无息）。

5. 投标单位出现下列情况，经××市招标办批准同意，招标单位有权取消其中标资格，并没收其投标保证金。

（1）投标单位在投标有效期内撤回其投标文件。

（2）中标单位无正当理由拒绝签订合同。由此给招标人造成的损失超过投标保证金数额的，应当对超过部分予以赔偿。

五、投标文件密封和递交

（一）投标文件的密封与标志

1. 投标单位应将投标文件按规定要求密封。

2. 封袋上应写明招标单位名称、工程名称、商务标或技术标，并加盖投标单位公章及法人代表或法人代表委托人私章，在骑缝处应加盖单位公章。

3. 投标单位未按上述规定提交投标文件，将被视为无效投标文件，其投标文件将被拒绝，并原封退还给投标单位。

4. 投标文件正、副本不一致时，以正本为准。未分正、副本的由评审小组酌情扣分。

5. 技术标为暗标，商务标、技术标应分开装订。

6. 技术标封面上一律不标明"正本"、"副本"字样，如发现五份技术标的内容有相互不一致的地方，作废标处理。

（二）投标截止时间

1. 投标单位须在前附表中规定的投标文件递交截止时间（2007年5月25日14：00）之前将投标文件递交至开标现场给招标单位。

2. 超过投标截止时间送达的投标文件将被拒绝并原封退给投标人。

3. 提交投标文件的投标人少于三个的，招标人有权依法重新招标。

（三）投标文件的修改与撤回

投标截止时间之前，投标单位可对所递交的投标文件进行修改或撤回，但所递交的修改或撤回通知必须按招标文件的规定进行编制、密封、标志（在包封上标明"修改"或"撤回"字样，并注明修改或撤回的时间）和递交。投标截止时间之后，投标单位不得修改或撤回投标文件。

六、开标、评标、定标

（一）开标

1. 招标单位将按投标须知中规定的时间和地点举行开标会议，参加开标的投标人代表应携带身份证明及投标保证金收据签名报到，以证明其出席开标会议。

2. 开标会议由招标单位主持，向到会的投标单位代表宣布评标、定标办法实施细则，投标人或其推选的代表检查投标文件的密封情况，也可以由招标人委托的公正机构进行检查并公证。经确认无误后，由有关工作人员当众启封投标文件，检验投标单位法人或委托代理人的身份，宣布有效投标文件。宣读投标人名称、投标单位价格和投标文件的其他主要内容。

3. 开标时投标人法人代表或其授权代表应到场，同时投标的项目经理必须亲自参加开标活动，并经招标人、招标办、政府采购办认定。项目经理未在投标截止时间前到达的，则应视为自动放弃本项目的投标。按××建筑〔2006〕9号文件规定，项目经理无故缺席的，该投标人的投标书视为无效标书；如项目经理因疾病等原因不能参加开标的，应提交相关证明材料，在开标时予以确认，评标专家将根据本招标文件的规定给予该投标人项目经理信誉中扣1.5分。如投标人提交虚假证明资料的，该投标人的投标书无效，建设行政主管部门按有关法律法规处理，并记入企业、项目经理信用档案。

4. 投标文件出现下列情况之一的，将作为无效投标文件处理，无效投标文件不予参加投标，其所报造价不作为计算评标基准价格的依据：

（1）投标文件中的投标函未加盖投标人的公章及企业法定代表人印章的，或者企业法定代表人委托代理人没有合法、有效的委托书（原件）及委托代理人印章的。

（2）未按招标文件要求提供投标保证金的。

（3）未按招标文件规定的格式填写，内容不全或关键字迹模糊、无法辨认的。

（4）投标人递交两份或多份内容不同的投标文件，或在一份投标文件中对同一招标项目报有两个或多个报价，且未声明哪一个有效，按招标文件规定提交备选投标方案的除外。

（5）投标人名称或组织结构与资格预审时不一致的。

（6）除在投标文件截止时间前经招标人书面同意外，项目经理与资格预审时不一致的。

（7）投标人资格条件不符合国家有关规定或招标文件要求的。

（8）投标文件载明的招标项目完成期限超过招标文件规定的期限。

（9）明显不符合技术规范、技术标准的要求。

（10）投标报价超过招标文件规定的最高限价的。

（11）不同投标人的投标文件出现了评标委员会认为不应当雷同的情况。

（12）改变招标文件提供的工程量清单中的计量单位、工程数量。

（13）改变招标文件规定的暂定价格或不可竞争费用的。

（14）未按招标文件要求提供投标报价的电子投标文件或投标报价的电子投标文件无法导入计算机评标系统。

（15）投标文件提出了不能满足招标文件要求或招标人不能接受的工程验收、计量、价款结算支付办法。

（16）以他人的名义投标、串通投标、以行贿手段谋取中标或者以其他弄虚作假方式投标的。

（17）经评标委员会认定投标人的投标报价低于成本价的。

（18）无工程项目施工管理委托书的。

（19）其他有关文件规定作为重大偏差处理和无效标处理的，从其规定。

（二）评标、定标

1. 评标活动

（1）评标活动在有关行政监督管理部门的监督下，由评标委员会组织进行。

（2）评标委员会由招标人负责组建，评标委员会的专家成员将从《××省房屋建筑和市政基础设施工程招标投标评标专家名册》中采用电脑随机抽签方式确定。

2. 评标的程序、方法及定标方法

根据《中华人民共和国招标投标法》、《××省招标投标条例》、《工程建设项目施工招标投标办法》、"国家七部委令第30号"等有关文件规定执行，具体评标程序、评标标准及方法如下：

本招标工程评标方法采用综合评估法，并以评分方式进行评估。并按综合得分由高到低推荐3名中标候选人，由招标人按《工程建设项目施工招标投标办法》和"国家七部委令第30号"第五十八条的规定，确定最高得分为中标人。当确定中标的中标候选人放弃中标或者因不可抗力提出不能履行合同的，或者招标文件规定应当提交履约保证金而在规定的期限内未能提交的，招标人可以依序确定其他中标候选人为中标人。

（1）清标委员会组成：

由广联达工作人员、代理单位的专业人员组成，共三人。

（2）清标内容及步骤如下：

第一步：列出高于及等于最高限价的报价，将这些报价按无效投标处理。

第二步：本工程将采用广联达惠中软件有限公司的评标软件进行商务标的清标，投标人把最后的数据刻入光盘时，必须按招标代理机构所发光盘上的投标人使用说明要求的格式进行，否则将按重大偏差处理。

第三步：对所余各投标单位的投标报价由低到高进行排序，去掉最低和最高报价后得出各投标单位报价的算术平均值，将超过此算术平均值－10%（不含－10%）的投标文件作为过低报价，不进行下一步的清标及综合评审。

第四步：导入经过第三步后所余各投标单位报价文件的电子数据，对各投标单位的报价文件进行初步清理，若投标单位的报价文件存在序号、项目编码、项目名称、计量单位、工程数量等与代理单位提供的不一致时，按重大偏差处理。

第五步：列出投标人综合单价与标底综合单价偏差超过（＋10%～－20%）且合价偏差超过±5000元以上的条目作为过高、过低综合单价的不合理的条目。

第六步：各投标单位的不合理的条目数由低到高排序，分别为第一名、第二名、第三名、第四名、第五名、第六名、第七名、第八名、第九名。

第七步：形成书面的清标报告。

（3）评标委员会组成：

根据本工程发包方式及××市有关规定，本工程评标委员会由七名评委组成，其中六位从省招标投标评标专家名册中随机抽取，另一位由招标人代表担任；七名专家中两名为经济评委，五名为技术评委（其中一名招标人代表）。

（4）本工程评分总分为 100 分。

根据工程情况，确定下列评审因素及各因素所占分值和比重：投标报价部分满分 88 分；施工组织设计满分 12 分；投标报价合理性（此项为扣分项）最多扣 1 分。施工工期、工程质量必须符合招标要求。

1）投标报价部分（共计 88 分）。

①本工程设定投标报价的最高限价，最高限价＝[标底价－其他项目清单计价表中的招标人部分×（1＋规费＋税金）]×92％＋其他项目清单计价表中的招标人部分×（1＋规费＋税金），高于或者等于最高限价的报价为无效投标文件，最高限价在开标前三天在××市工程建设网（http：//www.××.com/）进行公布。各投标单位在最高限价公布的次日的 16：30 前提出质疑。

②对清标第四步后所余的报价由低到高排序，去掉最低和最高报价后各单位报价算术平均值作为本工程的评标基准价（如有效投标报价少于等于三家，则不去掉最低和最高报价，直接计算报价算术平均值作为本工程的评标基准价）；各投标单位的有效投标报价与本工程评标基准价相比较。

投标报价等于评标基准价的，得 82 分。

每上浮 1％扣 2 分，中间插入法计算。

当下浮（0.00％～1.00％）（不含 0.00％，含 1.00％），加 0～3 分，中间插入法计算。

当下浮（1.01％～2.00％）（含 2.00％），加 3.01～5 分，中间插入法计算。

当下浮（2.01％～3.00％）（含 3.00％），加 5.01～6 分，中间插入法计算。

当下浮（3.01％～3.50％）（含 3.50％），加 6 分。

当下浮超过 3.50％，不得标。

上述得分均以插入法计算。

③报价均以元为单位计算，百分率、得分值小数点后保留两位，第三位四舍五入。

2）投标报价合理性（最多扣 1 分）。

此项为扣分项目，根据清标第六步得出的结果进行扣分。

第一名扣 0 分，最后一名扣 1 分，中间插入法计算。

3）施工组织设计部分 12 分。

施工步骤、形象进度：1.2～2.0 分。

主要施工方法：1.8～3.0 分。

技术先进性、机械设备适用性：0.6～1.0 分。

主要施工措施（质量、安全、文明、节约）：1.8～3.0 分。

合理加快进度，缩短工期的措施：1.2～2.0 分。

施工现场总平面布置：0.6～1.0 分。

在五名技术评委对各投标人的评分中去掉最低和最高得分后取算术平均值作为投标人的技术标得分，最高得分为 12 分，7.2 分以下不得标，7.2 分以上（含 7.2 分）按实际分数计入总分；技术标总页数超过 60 页的扣 1 分。

④施工工期。

投标工期必须符合招标工期要求，超过招标工期的不得标。

⑤工程质量。

投标的目标质量必须达到招标质量要求，达不到目标质量的不得标。

⑥项目经理因病等原因不能到场开标的，且有合格有效的医院证明的。按×建筑［2006］9 号文，在评分总分上扣 1.5 分，不能证明的做无效标处理。如发现做虚假证明的扣信誉分。

⑦在综合评分评比的评标标准中，若出现中标结果得分两个或两个以上相同情况时，对于最终第一中标候选人的确定可以按以下方法进行：得分的精确度相应的顺延，即从原来小数点后二位的精确度，增加为小数点后三位、四位、……的精确度，直至出现差异为止。

⑧评标过程中出现本评标办法未尽事宜，由评标委员会根据有关法律、法规讨论决定。

（三）投标文件的澄清

1. 在评标过程中，评标小组认为需要，在市区招标办人员在场的情况下，可要求投标单位对投标文件中的有关问题进行澄清或提供补充说明及有关资料，投标单位应做出书面答复。书面答复中不得变更价格、工期、自报质量等级等实质性内容。

2. 书面答复须经投标单位法定代表人或其授权委托代理人的签字或印鉴，签字或盖印鉴的书面答复将视为投标文件的组成部分。投标截止时间后，投标人对投标报价或其他实质性内容修正的函件和增加的任何优惠条件，一律不得作为评标、定标的依据。

3. 投标文件中的大写金额和小写金额不一致的，以大写金额为准；总价金额与单价金额不一致的，以单价金额为准，但单价金额小数点有明显错误的除外；对不同文字文本投标文件的解释发生异议的，以中文文本为准。投标文件的商务标中出现报价金额、工期质量等级有差别时，均以投标书中的报价金额、工期、质量等级为准。

（四）评标过程的保密

1. 开标后，直至宣布授予中标人合同为止，凡属审查、澄清、评价和比较投标的有关的资料和授予合同的有关信息，都不得向投标人或与该过程无关的其他人员泄漏。

2. 在投标文件的审查、澄清、评价和比较以及授予合同过程中，投标单位对招标单位和评标组织成员施加影响的任何行为，都将导致取消其中标资格。

（五）本招标文件未尽事宜，均按市招标办有关规定执行

七、授予合同

1. 中标通知书

（1）定标后，招标单位于2日内在市建设有形市场公示定标结果，公示2天后如无异议，签发经公正的中标通知书。报市招标办备案。

（2）中标通知书将作为合同文件的组成部分。

（3）按本须知规定，中标人提供了履行合同的保证金并签订合同后，招标单位将及时通知其他未中标的投标人。

2. 履约保证金

（1）在接到中标通知书7天内，中标人应按合同规定的条款提供履约保证金。

（2）中标单位在接到中标通知书之日起7天内并在签订合同协议书前，应向发包人提供履约保证担保。履约担保金额为中标价的10%，履约担保形式采用履约银行保函形式，由中标单位从具有法人资格的支行及以上国有或股份制商业银行开具，并保证有效。履约保函的正本由发包人保存，办理保函所需的费用由中标人承担。

（3）如果中标人未按上述要求缴纳履约保证金，招标单位将认为其不具备签订合同资格，并没收其投标保证金。

3. 合同协议书的签订

（1）中标单位接到中标通知书之日起<u>10</u>天内应派代表与建设单位根据《中华人民共和国合同法》、《建设工程施工合同管理办法》和招标文件、投标文件订立有关书面合同及协议。

（2）招标单位和中标单位订立书面合同7天内，中标单位应将合同送有关建设行政主管部门备案。

第二章　投标文件内容及格式（略）

第三章　施工合同（略）

第四章　技术规范

一、工程采用的技术规范

按国家现行技术、施工及验收规范、规程和苏州市有关规定。

二、对施工工艺的特殊要求

按设计图纸或国家有关规定执行。

第五章 工程量清单（略）

第六章 图纸和技术资料（略）

2.4.2 释读合同文件实例

第一部分 合同条件（略）

第二部分 协议条款

甲方：×××

乙方：××建筑装饰工程有限公司

按照《中华人民共和国经济合同法》和《建筑安装工程承包合同条例》的原则，结合本工程具体情况，双方达成如下协议。

第1条 工程概况

1.1 工程名称：××餐厅包间部分

工程地点：××镇

承包范围：装修、暖通、强电、弱电等

承包方式：包工包料

1.2 开工日期：2008 年 6 月 21 日

竣工日期：2008 年 8 月 10 日

总日历工期天数：50 天

1.3 质量等级：总体要求合格

1.4 合同价款：／

第2条 合同文件及解释顺序：本合同协议书、合同补充条款、中标通知书（含招标文件）、投标书以及其附件、合同条款、工程图纸及工程标准、规范以及有关技术文件、工程量清单、工程报价书或预算书

第3条 合同文件使用的语言和适用标准及法律

3.1 合同语言：汉语

3.2 适用标准、规范：现行工程施工标准规范以及质量验收标准及规范

3.3 适用法律、法规：中华人民共和国合同法、建筑法及相关的法律、行政法规以及××市有关法规

第4条 图纸

4.1 图纸提供日期：开工之前 3 天提供

4.2 图纸提供套数：施工图纸五套（含竣工图三套）

4.3 图纸特殊保密要求和费用：未经发包人同意，不得外借使用；否则，承包人应当对发包人进行赔偿，数额相当于支付设计机构的设计费用

第5条 甲方代表

5.1 甲方代表姓名和职称（职务）：／

5.2 甲方赋予甲方代表的职权：经发包人授权并在授权范围内代表发包人行使业主权利，全面负责本工程的组织、协调和管理，签发或签署各种相关指令，报表及支付凭证，处理施工过程中的各有关事宜。

5.3 甲方代表委派人员的名单及责任范围：×××

第6条　监理单位及总监理工程师

6.1　监理单位名称：×××

6.2　总监理工程师姓名、职称×××

6.3　总监理工程师职责：施工期间的"三控"、"二管"、"一协调"

第7条　乙方驻工地代表

第8条　甲方工作

8.1　提供具备开工条件施工场地的时间和要求：已到位

8.2　水、电、电讯等施工管线进入施工场地的时间、地点和供应要求：已到位

8.3　需要与有关部门联系和协调工作的内容及完成时间：已到位

8.4　需要协调各施工单位之间关系的工作内容和完成时间：已到位

8.5　办理证件、批件的名称和完成时间：建筑工程规划许可证、施工许可证，正式开工前

8.6　会审图纸和设计交底的时间：正式开工前

8.7　向乙方提供的设施内容：＿／＿

第9条　乙方工作

9.1　施工图和配套设计名称、完成时间及要求＿／＿

9.2　提供计划、报表的名称、时间和份数：正式开工之前二日，提供实施性施工组织设计、材料、设备、人员进场计划及当月工程进度计划。

9.3　施工场地防护工作的要求：＿／＿

9.4　施工现场交通和噪音控制的要求：按××市区颁布的有关建设工程施工现场交通、环卫、防噪音等方面的管理规定办理并承担相应费用。同时根据现场情况，还必须遵守：

（1）×号楼餐厅施工期间，会议中心其他区域将正常营业，中标人在施工过程中原则上不得影响正常营业工作，应服从甲方的现场管理，营业设备不得使用。

（2）施工期间施工通道、物品进出、垃圾清运、动火作业及易燃物品存放须遵守业主的规章制度和消防安全制度。

（3）考虑到会议中心的正常营业，要求中标人的施工时间为每天8：00时—19：00时，其他时间不得进行施工作业。

（4）施工现场不得留住施工人员。

9.5　符合施工场地规定的要求：＿／＿

9.6　保护建筑物结构及相应管线和设备的措施：＿／＿

9.7　建筑成品保护的措施：由承包人按工程成品保护规定或行业标准要求进行保护并承担相应的费用。

特别说明：×号楼餐厅改造工程在施工时须文明施工，中标人须健全各项规章制度，按提供的工程进度时间施工，同时对今后仍需使用的设施设备（如卫生洁具、空调系统、消防系统、部分弱电系统等）须采取保护措施不得损坏，如有损坏，业主有权要求中标人负责赔偿。

第10条　进度计划

10.1　乙方提供施工组织设计（或施工方案）和进度计划的时间：开工之前二天

10.2　甲方代表批准进度计划的时间：开工前

第11条　延期开工

对延期开工的要求：详见本合同合同条件十一条

第12条　暂停施工

对暂停施工的要求：详见本合同合同条件十二条

第13条　工期延误

对工期延误的要求：详见本合同合同条件十三条

第 14 条　工期提前

对工期提前的要求：投标工期不要求比招标工期提前，允许提前，但提前不奖励。

第 15 条　工程样板

对工程样板间的要求：本工程以施工图纸，作法说明，设计变更和《建筑装饰工程施工及验收规范》（JGJ 73—91），《建筑安装工程质量检验评定统一标准》（GBJ 300—88）等国家制定的施工及验收规范为质量评定验收标准。

第 16 条　检查和返工

对检查和返工要求：无论监理工程师或发包人是否进行并通过了各项检验，均不解除承包人对自己承包的工程的质量所负责任，除非质量问题是由于设计原因引起，而针对此类质量问题承包人须及时通知监理工程师和发包人。由乙方原因造成质量事故，其返工费用由乙方承担，工期不顺延。

第 17 条　工程质量等级

17.1　工程质量等级要求的追加合同价款：本工程质量应达到国家质量评定合格标准。甲方要求部分或全部工程项目达到优良标准时，应向乙方支付由此增加的费用。

17.2　质量评定部门名称：　　／

第 18 条　隐蔽工程和中间验收

中间验收部位和时间：详见本合同合同条件十八条

验收和重新检验

重新检验要求：详见本合同合同条件十九条

第 20 条　合同价款及调整

20.1　合同价款形式（固定价格加风险系数合同、可调价格合同等）：采用固定价格加风险系数合同

合同价款中包括的风险范围：除合同约定以外的各政策性调整，材料、设备、成品的检验/检测费用（自行检测部分）

风险费用的计算方法：已含在价款中，不另行调整

风险范围以外合同价款调整方法：见协议条款20.2的约定

20.2　调整的方式：双方约定合同价款的其他调整因素：

20.2.1　设计变更：特指由甲方指令产生的平面设计变更，装饰材料种类不包括以甲方满意度为标准的材料规格、等级、色泽和做法等的选择，装饰节点变化的变更要求，与清单所列常规做法差异产生的变更［详见招标文件第10页（五）投标报价编制要求第4点］的变更。该部分的设计变更经发包方确认后为可调价或可计价的设计变更。

20.2.2　调整因素：

（1）经甲方签认的设计变更（见20.2.1定义说明）及因该设计变更引起的工程量清单增减或增减子目。

（2）除20.2.1定义说明以外的设计变更，即涉及施工方法，施工难易程度的、施工效果达不到设计效果的具体施工方案变化，以及以甲方满意度为标准的材料规格、等级、色泽等的选择产生的变更以及对乙方设计的装饰节点变化的变更要求及与清单所列常规做法差异产生的变更［详见招标文件（五）投标报价编制要求第4点］，不作为调价或计价因素。

（3）原分部分项工程量的增减。

（4）安全生产监督费、现场安全文明施工措施费，按有关造价文件结算时调整。

第 21 条　工程预付款

21.1　预付工程款总金额：按中标金额（若有暂定金和甲供材，应扣除）的20％支付预付款

21.2　预付时间和比例：合同生效后，一周内支付完毕

21.3　扣回时间和比例：在支付进度款时，分两月等量扣回

21.4　甲方不按时付款承担的违约责任：　　／

第 22 条　工程量的核实确认

乙方提交工程量报告的时间和要求：每月 25 日前（隐蔽工程量包括设计院发出并经发包人确认的设计变更引起的计量，必须经由监理单位总监、工程造价咨询单位的现场负责人、发包方现场代表书面确认）

第 23 条　工程款支付

23.1　工程款支付方式：　　／

23.2　工程款支付金额和时间：监理、发包人在收到承包人的月报后 10 天内（假日除外）完成审核工作，在审核确认月计量报表后的 10 日支付 60％的工程进度款，竣工验收后支付到合同金额的70％，结算经工程造价咨询审核并经承发包双方确认后付至最终工程价款的 95％，剩余价款待质量保修期满后 28 日内一次性付清（以上价款均不计息）。

23.3　甲方违约的责任：　　／

第 24 条　材料样品或样本

第 25 条　甲方供应材料设备

25.1　甲方供应材料、设备的要求（附清单）：　／

第 26 条　乙方采购材料设备

26.1　承包人采购的乙供材：

（1）产品须为同等同类中等以上品质厂家的产品。

（2）选用国产优质产品，且符合国家标准且为绿色环保产品。

（3）材料均按图纸要求，图纸中未说明的材料均应为符合国标的优等品。

（4）承包人应按清单文件中载明采用材料的产品规格、型号、生产厂家进行采购。

（5）发包人的上述要求并不免除承包人对所采购的材料按合同应承担的责任。

26.2　所有装饰材料及特殊材料，均需送小样经监理、甲方书面确认后方可投入使用，未经确认即投入使用的材料，甲方不予认可。

26.3　甲方根据需要和来样情况，对特殊及装饰材料确定是否乙供甲控。

26.4　对承包人采购的材料，发包人如认为需要时可采取与承包人共同招标的方式或在发包人监管下确定供应商。作为甲控乙供材料，确定其供应商的方法和要求为：

（1）对甲控乙供材料在投标文件中应提供其供应商的下列证明文件。

1）近 3 年有在相关工程中使用的业绩证明。

2）取得 ISO 系列认证的认证证书。

（2）投标报价时至少应有 3 家备选供应商供甲方评估。

26.5　在承包商所有工程材料（无论甲供、乙供）有效使用寿命期内，如发生非招标人原因的质量事故，造成人员（含对第三方）人身伤害和财产损失的，均由承包商承担无限责任。

26.6　无论工程材料是由承包商自行采购供应或是招标人采购或是由招标人指定的材料供应商供应，均不解除承包商所负的工程全面质量责任，承包商应该对各种材料、器材、设备按规范、规程进行检查，拒绝不符合要求的材料、器材、设备用于工程。无论何种原因，出现不合格材料、器材、设备用于工程的情况，均由承包商承担应有的责任。

第 27 条　材料试验

第 28 条　甲方变更设计

第 29 条　乙方变更设计

第 30 条　设计变更对工程的影响

第 31 条　确定变更价款

31.1　投标单位投标时，必须按统一的工程量清单报价，但中标后，在施工过程中，不论由于工程量清单有误或漏项，还是由于设计变更、现场签证等引起的新的工程量清单项目或清单项目工程数量的增减，决算均按实调整。

31.2 合同中综合单价因工程量变更需调整时，除合同另有约定外，应按照下列办法确定。

（1）工程量清单漏项或设计变更引起新增的工程量清单项目或招标时按暂定并在实际施工中实施的新增工程量清单项目，其综合单价核定原则为：

1）招标工程量清单中已有并适用于新增工程项目的综合单价，原则上按清单已有的综合单价执行，为防止不平衡报价，沿用的单价需经甲方委托的咨询单位审核确认。

2）招标工程量清单中有类似于新增工程项目的综合单价（经监理、发包方核定后）可以参照类似综合单价执行，为防止不平衡报价，沿用的单价最终需经甲方委托的咨询单位审核确认。

3）合同中没有适用或类似于新增工程的综合单价，由承包人根据 2004 版《××市建筑与装饰工程量清单综合单价参考表》，提出适当的综合单价，经监理、发包人确认并按中标下浮率下浮后核定初定的综合单价，但最后确定最终价格有业主委托的咨询单位确认。

（2）由于工程量清单的工程数量有误或设计变更引起工程量增减，超过 15％，并且该项分部分项工程费超过分部分项工程量清单计价合计 1‰ 的，其增减部分的工程量或减少后剩余部分的工程量的综合单价由承包人提出，经监理、发包人确认并按中标下浮率下浮后，作为结算的初始依据，但最后最终价格有业主委托的咨询单位确认。增减量在 15％ 以内或该项分部分项工程费用不超过分部分项工程量清单计价合计 1‰ 的，综合单价原则上不调整，但为防止不平衡报价，沿用的单价最终需经甲方委托的咨询单位审核确认。

（3）原投标综合单价中有发包人约定为暂定材料价格的，结算时按发包人初步确认后的材料价格替换招标时所约定的暂定材料价格，并按中标下浮率下浮后，作为结算的初步依据，最后决算按咨询单位核定价格确认。

（4）原投标综合单价中的材料应发包人要求变更或重新核价时，结算时按发包人确认后的变更材料价格替换原中介机构编制的标底中的综合单价分析表中的材料价格，并按中标下浮率下浮后，作为结算的初步依据，最后决算按造价咨询单位核定价格确认。

（5）当发包人按合同权利提出供应某种材料或某项单独分包专业工程时，该部分从投标书扣除的价格，按标底价乘（1－中标下浮率）扣除。

（6）因为本工程工期较短，在合同执行期间，主要材料（含设备）价格发生上涨或者下降时（即使主要材料价格涨跌超出有经验的承包人可预见的范围），材料价格涨跌含在本合同招标风险范围内，不调整。

（7）以上提及的中标下浮率计算公式为：中标下浮率＝（标底价－中标价）/［标底价－其他项目清单计价表中的招标人部分×（1＋规费＋税金）］。

未尽事宜，由承包人提出，经监理、发包人确认并按中标下浮率下浮后，作为结算的依据，但最后决算按甲方委托的造价咨询单位核定价格确认。

第 32 条 竣工验收

32.1 乙方提供竣工验收资料的内容：提供符合××市建设工程档案归档规范要求及××市城建档案馆要求的竣工图纸及资料

32.2 乙方提交竣工报告的时间和份数：竣工验收合格后 30 日内，乙方提交竣工报告叁份

第 33 条 竣工结算

33.1 结算方式：竣工结算最终以咨询单位审核后的工程价款为准

33.2 乙方提供结算报告的时间：____/____

33.3 甲方批准结算报告的时间：____/____

33.4 甲方将拨款通知送达经办银行的时间：____/____

33.5 甲方违约的责任：____/____

第 34 条 保修

34.1 保修内容、范围：**本工程乙方施工的所有内容均属保修范围。**

34.2 保修期限：**本工程保修期限一年。**

34.3 保修金额和支付方法：　　/

34.4 保修金利息：　　/

第35条　争议

35.1 争议的解决方式：**本合同在履行过程中发生争议，双方应及时协商解决。协商不成时，双方同意由××仲裁委员会仲裁（双方不在合同中约定仲裁机构，事后又没有达成书面仲裁协议的，可向人民法院起诉）**

第36条　违约

36.1 违约的处理：**工期不得延误，如承包人延误工期，承担50000元/天的支付违约金，以延误天数累计，不封顶。由承包人负责对不合格工程进行整改或返工，直至验收合格，并承担一切费用。**

36.2 违约金的数额：　　/

36.3 损失的计算方法：　　/

36.4 甲方不按时付款的利息率：　　/

第37条　索赔

第38条　安全施工

第39条　专利技术和特殊工艺

第40条　不可抗力

40.1 不可抗力的认定标准：**按保险合同解释**

第41条　保险

第42条　工程停建或缓建

第43条　合同生效与终止

43.1 合同生效日期：　　/

第44条　合同份数

44.1 合同副本份数：**合同正本贰份，副本捌份，发包人执正本壹份，副本肆份，承包人执正本壹份；副本肆份。**

44.2 合同副本的分送责任：　　/

44.3 合同制订费用：　　/

甲方（盖章）：　　　　　　　　　　　　乙方（盖章）：

地　　　　址：　　　　　　　　　　　　地　　　　址：

法 定 代 表 人：　　　　　　　　　　　　法 定 代 表 人：

代 　理　 人：　　　　　　　　　　　　代 　理　 人：

电　　　　话：　　　　　　　　　　　　电　　　　话：

传　　　　真：　　　　　　　　　　　　传　　　　真：

邮 政 编 码：　　　　　　　　　　　　邮 政 编 码：

开 户 银 行　　　　　　　　　　　　　开 户 银 行：

账　　　 号：　　　　　　　　　　　　账　　　 号：

合同订立时间：　　　　年　　月　　日

鉴（公）证意见：

经 　办　 人：

鉴（公）证机关（盖章）：

　　　　　　　　　　　　　　　　　　　　　　　年　　月　　日

2.4.3 了解建筑装饰工程所在地的工程造价信息资料及有关的地方材料价格

 复习思考题

    1. 招标文件的内容包括哪些？

    2. 投标文件的包括哪些内容？

    3. 合同文件的组成包括哪些部分？各部分的解释顺序是怎样的？

    4. 甲方在签订《协议条款》时关于提前竣工的要求，应写明哪些事项？

    5. 合同价款及支付方式在协议条款内约定后，任何一方不得擅自改变，发生哪些情况时可做调整？

    6. 发生设计变更后，乙方通常按哪些方法提出变更价格来调整合同价款？

    7. 简述工程变更的审批程序。

    8. 简述工程费用索赔的程序。

模块三　建筑装饰装修工程概预算报价

学习目标

1. 了解建筑装饰装修工程概预算定额的编制过程，掌握建筑装饰装修工程预算定额的使用方法。熟悉定额编号、换算及其工料分析表的有关内容。
2. 了解建筑面积的计算方法及规则，掌握建筑装饰装修工程工程量计算规则及其计算方法。
3. 掌握建筑安装工程费的构成、措施费、规费的构成的计算方法，熟悉装饰工程造价的确定。

课题一　建筑装饰工程计价表的应用

1.1　计价表（定额）说明及计算规则的理解

定额说明和计算规则的熟悉在每套定额中都是十分重要的部分，定额有总说明和章节说明，而计算规则是在每一章节的前面对本章各分项工程的计算进行详细的规定，作为工程预算人员必须掌握的内容，对它的熟悉程度直接决定着所做的预算文件的准确程度。

定额总说明一般会规定该定额的适用范围以及基本用途，同时要说明该定额的编制依据，说明该定额的人工考虑的范围，材料用量包括哪些部分，混凝土砂浆、胶泥、灰土、三合土是按成品还是半成品考虑，混凝土的养护方法，木材按哪些木种考虑，木材的干燥费如何计取，本定额的水平运输如何界定，机械规格型号是否可以换算，台班用量的界定，垂直运输的计算范围，超高费如何计算，抗震烈度，定额中人工、材料、机械的用量能否调整，定额中"×××以内（上）"的含义等需要说明的问题，这些问题是针对全套定额的，在定额各章节中会十分具体地说明各分项工程的相关问题。所以在使用任何一套定额之前都应该仔细地阅读其总说明，充分应用章节说明，只有对说明规定的每一条款都心中有数，才会使下面的工作有条不紊，少走弯路，当然这在某种意义上就提高了预算的效率，相反，没有充分地理解和掌握总说明的内容，会使预算工作事倍功半。

那么，计算规则的充分理解和合理应用将使预算工作更加科学统一，大家都使用同一个规则在计算，可是每个企业却有不同的价格，尤其是在清单计价模式下，"确定量、市场价、竞争费"这一理念就显得十分突出，尤其是确定量，即大家提供的工程量相差无几，说明大家都在使用同样的规则在计算，我们就更要强调对计算规则的足够熟悉，透彻的理解不仅能提高计算速度，更能提高计算精度，一份成功的预算书对于一个企业的命运是至关重要的，当然，这里主要指它能否使企业在招投标市场胜出，能否使企业的盈利空间最大。

综上所述，每一套定额的定额说明都为使用之前必须阅读的条款，而计算规则却是每个造价人员永远要学习的内容，熟能生巧，市场在变化，定额也不断更新，新材料层出不穷，一个合格的造价人员必须与时俱进，所以对每套定额计算规则的学习是每个造价人员永不停息的工作。

1.2　定额编号的正确使用及定额换算

定额编号是为了提高施工图预算的编制水平，便于查阅和审查所选套的定额项目是否正确，所采用的特定的编号。编号的表示方法有两种，即三符号表示法和两符号表示法，前者主要是由分部一分项—子项目序号组成，如 9—1—2 表示第九分部第一分项水泥砂浆找平层，第二子项在填充材料上，后者主要是由分部—分项序号组成，如 B1—63 表示的分部工程是楼地面工程，分项工程是花岗岩台阶面层芝麻白花岗岩。在以后的定额使用中若能熟练地应用定额编号的含义，那无疑会很大程度提高查阅速度，久而久之，便可以熟练应用。

当建筑物的施工设计与分项定额表中工作内容一致时，可直接套用定额，绝大多数工程项目属于这种情况，其选用定额项目的步骤如下：

（1）从定额目录中查出某分部分项工程所在定额编号。

（2）判断该分部分项工程内容与定额规定的工程内容是否一致，是否可以直接套用定额基价。

（3）计算分部分项工程或结构构件的工料用量及基价（定额换算）。当施工设计要求与定额项目的工程内容、材料规则、施工方法不完全一致，并且定额允许换算时，按定额编制说明、附注、加工表有关说明和规定换算定额，并应在原定额编号右下脚注明"换"字，如 B1—60 换，以示区别。如砂浆、混凝土配合比换算，铝合金门窗等的换算。换算的内容：一是换算后的材料量；二是换算后的基价。

1）换算后的基价＝定额基价＋（设计材料单价－定额材料单价）×定额材料数量。

2）木门窗材料规格价差换算。当木门窗框的边力框截面或木门窗扇的边立梃截面与定额附注规定的截面不同时，烘干木材的用量可按比例换算，其他不变。

计算步骤及方法：

a. 套用定额，确定换算前预算基价、基价中所含的烘干木材用量和断面面积。

b. 确定换算后的烘干木材用量

$$换算后的木材的体积 = \frac{设计断面（加抛光损耗）}{定额规定断面} \times 定额消耗材料体积$$

$$换算后的预算单价 = 定额单价 + （换算后的材料体积 - 定额材料）\times 相应木材单价$$

因此，当设计注明断面或厚度为净料时，应增加刨光损耗。板方材一面刨光增加 3mm；两面刨光增加 5mm；原木每立方增加刨光损耗 $0.05m^3$。

c. 确定换算后的预算基价，换算后的预算基价为

$$换算后的预算基价 = 换算前的预算基价 + （换算后烘干木材用量 - 定额中烘干木材用量）$$

$$\times 烘干木材的预算价格$$

3）混凝土、砂浆的换算。当混凝土强度等级或混凝土中粗骨料的最大粒径与定额规定的不同时，允许换算，换算的基本公式为

$$换算后的预算单价 = 换算前的预算基价 + 定额混凝土消耗量 \times （换入混凝土单价 - 换出混凝土单价）$$

4）厚度的换算。换算方法同运距的换算，即

$$换算后的基价 = 基本定额的基价 + 增减定额的基价 \times N$$

式中 N——厚度增减层的个数。

1.3 工料分析表及材料用量的确定

工料分析就是按各分部分项工程项目，根据定额中的定额人工消耗量和材料消耗量分别乘以各个分部分项工程的实际工程量，求出各个分部分项工程的各种用工数量和各种材料的数量，然后按不同工种、材料品种和规格分别汇总合计，从而反映出单位工程中全部分项工程的人工和各种材料的预算用量，以满足各项生产与管理的需要。其用途如下：

（1）工料分析是施工企业编制劳动计划和材料需用量计划的依据。

（2）工料分析是进行"两算"对比和进行成本分析、降低成本的依据。

（3）工料分析是项目部向工人班组签发工程任务书、限额领料单、考核工人节约材料情况以及对工人班组进行核算的依据。

（4）工料分析是施工单位和建设单位材料结算和调整材料价差的主要依据。由于人工材料费用在建筑工程造价中占很大的比重，因此，进行工料分析，合理的调配劳动力。正确管理和使用材料，是加强施工企业经营管理、加强经济核算和降低工程成本的重要措施。

工料分析一般采用表格形式进行，工料分析表的填写常与施工图预算书的填写同时进行，这样以减少翻阅定额的次数。即在套定额单价时，同时查出各项目单位定额用工用料量，用工程数量分别与其定额用量相乘，即可得到每一分项的用工量和各材料的消耗数量，并填入相应的栏内，最后逐项分别加以汇总。

为了统计和汇总单位工程所需的主要材料用量和用工量，一般需要填写单位工程主要材料汇总表。材料汇总表一般按钢材、木材、水泥、砖、瓦、灰、砂、石、沥青、油毡等材料，按不同的规格及消耗量一一列出，其数据主要来源于工料分析表、钢筋混凝土构件中钢筋的计算和铁件统计表及金属构件制作工程量计算表。

在进行工料分析时，应注意经过标号换算的分项工程，应用换算后的混凝土或砂浆标号的配合比进行计算。

复习思考题

1. 什么是建筑装饰工程计价表？
2. 建筑装饰工程计价表的作用是什么？

课题二　建筑装饰装修工程工程量的确定

学习提示

本节工程量计算规则是依据《甘肃省建筑装饰装修工程消耗量定额》（2004版）编制，该定额适用于一般工业与民用建筑的新建、扩建和改建工程。对于在原有工程上进行局部拆除、改造、修缮的改建工程不适用，应采用《甘肃省修缮工程消耗量定额》。同时，在使用过程中，大家可以在熟悉原理的基础上根据工程所在地选用相应的定额。

工程量计算中应注意的事项：
（1）计算口径要一致，避免重复列项。
（2）工程量计算规则要一致，避免错算。
（3）计量单位要一致，向定额单位看齐。
（4）计算方法要得当，避免事倍功半。
（5）要遵循一定的顺序计算，便于查缺补漏。
（6）工程量计算的精确度要一致，总造价的汇总更精确。

2.1　建筑面积计算规则及计算实例

建筑面积是表示建筑物平面特征的几何参数，以平方米为单位计算出的建筑物各层水平平面面积的总和，它包括使用面积、辅助面积和结构面积。是表示建筑物技术经济效果的重要数据，也是计算某些分项工程量的基本依据。使用面积是指可直接为生产和生活提供服务的面积，如客厅、卧室所占的面积；辅助面积是指建筑物各层平面布置中为辅助生产和生活所占净面积总和，如住宅中的厨房、卫生间、楼梯、楼道等所占净面积的总和；结构面积是指建筑物各层平面布置中的结构部分所占面积的总和，如墙体、柱、垃圾道、通风道等。

本《建筑面积计算规范》是根据建设部《关于印发 2004 年工程建设国家标准制订、修订计划的通知》（建标〔2004〕67 号）的要求，是在 1995 年建设部发布的《全国统一建筑工程预算工程量计算规则》的基础上修订而成的，同时与《住宅设计规范》和《房产测量规范》的有关内容做了协调，反复征求了有关地方及部门专家和工程技术人员的意见，先后召开多次讨论会，并经过专家审查定稿。主要内容有总则、术语、计算建筑面积的规定。为便于准确理解和应用本规范，对建筑面积计算规范的有关条文进行了说明，本规范由建设部负责管理，建设部标准定额研究所负责具体技术内容的解释。

2.1.1 总则

（1）为规范工业与民用建筑工程的面积计算，统一计算方法，制定本规范。

（2）本规范适用于新建、扩建、改建的工业与民用建筑工程的面积计算。

（3）建筑面积计算应遵循科学、合理的原则。

（4）建筑面积计算除应遵循本规范，尚应符合国家现行的有关标准规范的规定。

2.1.2 术语

（1）层高 Story Height。

上下两层楼面或楼面与地面之间的垂直距离。

（2）自然层 Floor。

按楼板、地板结构分层的楼层。

（3）架空层 Empty Space。

建筑物深基础或坡地建筑吊脚架空部位不回填土石方形成的建筑空间。

（4）走廊 Corridor Gollory。

建筑物的水平交通空间。

（5）挑廊 Overhanging Corridor。

挑出建筑物外墙的水平交通空间。

（6）檐廊 Eaves Gollory。

设置在建筑物底层出檐下的水平交通空间。

（7）回廊 Cloister。

在建筑物门厅、大厅内设置在二层或二层以上的回形走廊。

（8）门斗 Foyer。

在建筑物出入口设置的起分隔、挡风、御寒等作用的建筑过渡空间。

（9）建筑物通道 Passage。

为道路穿过建筑物而设置的建筑空间。

（10）架空走廊 Bridge Way。

建筑物与建筑物之间，在二层或二层以上专门为水平交通设置的走廊。

（11）勒脚 Plinth。

建筑物的外墙与室外地面或散水接触部位墙体的加厚部分。

（12）围护结构 Envelop Enclosure。

围合建筑空间四周的墙体、门、窗等。

（13）围护性幕墙 Enclosing Curtain Wall。

直接作为外墙起围护作用的幕墙。

（14）装饰性幕墙 Decorative Faced Curtain Wall。

设置在建筑物墙体外起装饰作用的幕墙。

（15）落地橱窗 French Window。

突出外墙面根基落地的橱窗。

（16）阳台 Balcony。

供使用者进行活动和晾晒衣物的建筑空间。

（17）眺望间 View Room。

设置在建筑物顶层或挑出房间的供人们远眺或观察周围情况的建筑空间。

（18）雨篷 Canopy。

设置在建筑物进出口上部的遮雨、遮阳篷。

（19）地下室 Basement。

房间地平面低于室外地平面的高度超过该房间净高的1/2者为地下室。

（20）半地下室 Semi Basement。

房间地平面低于室外地平面的高度超过该房间净高的1/3，且不超过1/2者为半地下室。

（21）变形缝 Deformation Joint。

伸缩缝（温度缝）、沉降缝和抗震缝的总称。

（22）永久性顶盖 Permanent Cap。

经规划批准设计的永久使用的顶盖。

（23）飘窗 Bay Window。

为房间采光和美化造型而设置的突出外墙的窗。

（24）骑楼 Overhang。

楼层部分跨在人行道上的临街楼房。

（25）过街楼 Arcade。

有道路穿过建筑空间的楼房。

2.1.3　计算建筑面积的规定

（1）单层建筑物的建筑面积，应按其外墙勒脚以上结构外围水平面积计算，并应符合下列规定：

1）单层建筑物高度在2.20m及以上者应计算全面积；高度不足2.20m者不计算建筑面积。

2）利用坡屋顶内空间时净高超过2.10m的部位应计算全面积；净高在1.20～2.10m的部位应计算1/2面积；净高不足1.20m的部位不应计算面积。

（2）单层建筑物内设有局部楼层者，局部楼层的二层及以上楼层，有围护结构的应按其围护结构外围水平面积计算，无围护结构的应按其结构底板水平面积计算。层高在2.20m及以上者应计算全面积；层高不足2.20m者应计算1/2面积。

（3）多层建筑物首层应按其外墙勒脚以上结构外围水平面积计算；二层及以上楼层应按其外墙结构外围水平面积计算。层高在2.20m及以上者应计算全面积；层高不足2.20m者不计算建筑面积。

（4）多层建筑坡屋顶内和场馆看台下，当设计加以利用时净高超过2.10m的部位应计算全面积；净高在1.20～2.10m的部位应计算1/2面积；当设计不利用或室内净高不足1.20m时不应计算面积。

（5）地下室、半地下室（车间、商店、车站、车库、仓库等），包括相应的有永久性顶盖的出入口，应按其外墙上口（不包括采光井、外墙防潮层及其保护墙）外边线所围水平面积计算。层高在2.20m及以上者应计算全面积；层高不足2.20m者不计算建筑面积。

（6）坡地的建筑物吊脚架空层、深基础架空层，设计加以利用并有围护结构的，层高在2.20m及以上的部位应计算全面积；层高不足2.20m的部位应计算1/2面积。设计加以利用、无围护结构的建筑吊脚架空层，应按其利用部位水平面积的1/2计算；设计不利用的深基础架空层、坡地吊脚架空层、多层建筑坡屋顶内、场馆看台下的空间不应计算面积。

（7）建筑物的门厅、大厅按一层计算建筑面积。门厅、大厅内设有回廊时，应按其结构底板水平面积计算。层高在2.20m及以上者应计算全面积；层高不足2.20m者不计算建筑面积。

（8）建筑物间有围护结构的架空走廊，应按其围护结构外围水平面积计算。层高在2.20m及以上者应计算全面积；层高不足2.20m者不计算建筑面积。有永久性顶盖无围护结构的应按其结构底板水平面积的1/2计算。

（9）立体书库、立体仓库、立体车库，无结构层的应按一层计算，有结构层的应按其结构层面积分别计算。层高在2.20m及以上者应计算全面积；层高不足2.20m者不计算建筑面积。

（10）有围护结构的舞台灯光控制室，应按其围护结构外围水平面积计算。层高在2.20m及以上者应计算全面积；层高不足2.20m者不计算建筑面积。

（11）建筑物外有围护结构的落地橱窗、门斗、挑廊、走廊、檐廊，应按其围护结构外围水平面积计算。层高在2.20m及以上者应计算全面积；层高不足2.20m者不计算建筑面积。有永久性顶盖无围护结构的应按其结构底板水平面积的1/2计算。

（12）有永久性顶盖无围护结构的场馆看台应按其顶盖水平投影面积的1/2计算。

（13）建筑物顶部有围护结构的楼梯间、水箱间、电梯机房等，层高在2.20m及以上者应计算全面积；层高不足2.20m者不计算建筑面积。

（14）设有围护结构不垂直于水平面而超出底板外沿的建筑物，应按其底板面的外围水平面积计算。层高在2.20m及以上者应计算全面积；层高不足2.20m者不计算建筑面积。

（15）建筑物内的室内楼梯间、电梯井、观光电梯井、提物井、管道井、通风排气竖井、垃圾道、附墙烟囱应按建筑物的自然层计算。

（16）雨篷结构的外边线至外墙结构外边线的宽度超过2.10m者，应按雨篷结构板的水平投影面积的1/2计算。

（17）有永久性顶盖的室外楼梯，应按建筑物自然层的水平投影面积的1/2计算。

（18）建筑物的阳台均应按其水平投影面积的1/2计算。

（19）有永久性顶盖无围护结构的车棚、货棚、站台、加油站、收费站等，应按其顶盖水平投影面积的1/2计算。

（20）高低联跨的建筑物，应以高跨结构外边线为界分别计算建筑面积；其高低跨内部连通时，其变形缝应计算在低跨面积内。

（21）以幕墙作为围护结构的建筑物，应按幕墙外边线计算建筑面积。

（22）建筑物外墙外侧有保温隔热层的，应按保温隔热层外边线计算建筑面积。

（23）建筑物内的变形缝，应按其自然层合并在建筑物面积内计算。

2.1.4　下列项目不应计算面积

（1）建筑物通道（骑楼、过街楼的底层）。

（2）建筑物内的设备管道夹层。

（3）建筑物内分隔的单层房间，舞台及后台悬挂幕布、布景的天桥、挑台等。

（4）屋顶水箱、花架、凉棚、露台、露天游泳池。

（5）建筑物内的操作平台、上料平台、安装箱和罐体的平台。

（6）勒脚、附墙柱、垛、台阶、墙面抹灰、装饰面、镶贴块料面层、装饰性幕墙、空调机外机隔板（箱）、飘窗、构件、配件、宽度在2.10m及以内的雨篷以及与建筑物内不相连通的装饰性阳台、挑廊。

（7）无永久性顶盖的架空走廊、室外楼梯和用于检修、消防等的室外钢楼梯、爬梯。

（8）自动扶梯、自动人行道。

（9）独立烟囱、烟道、地沟、油（水）罐、气柜、水塔、贮油（水）池、贮仓、栈桥、地下人防通道、地铁隧道。

【例 3-1】 如图 3-1 所示某实习车间，内外墙体厚度都是 240mm，轴线居中，车间内有部分楼层作为技术指导间，附墙柱断面 300mm×240mm，突出外墙 60mm，车间总高度为 6.0m，请计算该车间的建筑面积。

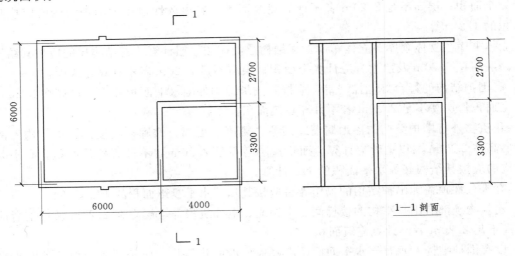

图 3-1 某实习车间示意图（单位：mm）

解：

单层车间：$S_1 = 10.24 \times 6.24 + 0.06 \times 0.24 \times 2 = 63.93$（m²）

技术指导间高度为 2.7m＞2.2m，故应计算全面积，计算如下

$$S_2 = 4.24 \times (3.3 + 0.24) = 15.09 \text{（m}^2\text{）}$$

该车间的建筑面积：$S = S_1 + S_2 = 63.93 + 15.09 = 79.02$（m²）

2.2 楼地面工程的工程量计算及计算实例

楼地面是指楼面和地面，其主要构造层次一般为基层、垫层和面层，必要时可增设填充层、隔离层、找平层、结合层等。

楼地面各构造层次的材料种类及其作用：

（1）基层：指楼板、夯实土基。

（2）垫层：指承受地面荷载并均匀传递给基层的构造层。

（3）填充层：指在建筑楼地面上起隔音、保温、找坡或敷设暗管、暗线等作用的构造层。

（4）隔离层：指起防水、防潮作用的构造层。

（5）找平层：指在垫层、楼板或填充层上起找平、找坡或加强作用的构造层，一般为水泥砂浆找平层。

（6）结合层：是指面层与下层相结合的中间层。

（7）楼地面面层：按使用材料和施工方法的不同分为整体面层和块料面层。

楼地面工程分部包括整体面层、块料面层、橡塑面层、其他材料面层、踢脚线、楼梯装饰、扶手、栏杆、栏板装饰、台阶装饰及零星装饰等项目内容。

主要项目工程量计算规则：

1）整体面层按设计图示尺寸以面积计算。

2）块料面层、橡塑面层和其他材料面层按设计图示尺寸的实铺面积以平方米计算。

3）块料踢脚板按实贴面积以平方米计算，成品踢脚线按实贴长度以延长米计算，楼梯踢脚板工程量按相应定额乘以系数 1.15 计算。

4）楼梯装饰（包括踏步、休息平台及楼层连接梁，以及小于 500mm 宽的楼梯井）按设计图示尺寸以楼梯水平投影面积计算。

5) 扶手、栏杆、栏板装饰按设计图示尺寸以扶手中心线长度（包括弯头长度）以延长米计算。

6) 台阶装饰按设计图示尺寸以台阶（包括最上层踏步边沿加300mm）水平投影面积计算。

7) 零星装饰项目按设计图示尺寸以面积计算。

8) 点缀块料面层按"个"计算，楼地面面层料计算中不扣除点缀所占面积。

9) 防滑条工程量按设计长度计算，如设计未注明时，按楼梯、台阶踏步及坡道两端距离减0.3m以延长米计算。

【例3-2】 某建筑平面如图3-2所示，墙厚240mm，若一楼客厅、餐厅室内铺设600mm×75mm×18mm实木地板，柚木UV漆板、四面企口，木龙骨50mm×30mm×500mm。卫生间厨房铺设彩釉砖地面，试计算木地板地面和彩釉砖地面的工程量。

解：

本题为木地板，由计算规则可知，块料面层、橡塑面层和其他材料面层按设计图示尺寸的实铺面积以平方米计算。

则木地板工程量：$(3.4-0.24)\times(1.5-0.12)+(6.8-0.24)\times(3.6+4.5-0.12)-(1.3-0.24)\times(1-0.24)=55.90$（m²）

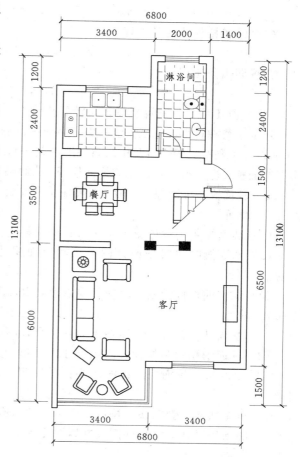

图3-2 某建筑平面图

厨房、卫生间彩釉砖地面工程量（块料面层）：

$(3.4-0.24)\times(2.4-0.24)+(2.1-0.24)\times(3.6-0.24)=6.826+6.249=13.08$（m²）

【例3-3】 上题建筑物内一层楼梯平面如图3-3所示，同走廊连接，采用双跑形式，踏步宽200mm，墙厚240mm，梯井300mm宽，楼梯满铺大理石，试计算楼梯面层工程量。

解：

楼梯装饰（包括踏步、休息平台及楼层连接梁，以及小于500mm宽的楼梯井）按设计图示尺寸以楼梯水平投影面积计算。

大理石饰面工程量$=(2.6-0.24)\times(2.8+0.2)$
$\qquad =7.08$（m²）

【例3-4】 如［例3-2］图所示客厅内贴150mm高中国红大理石踢脚板，楼梯采用金属防滑条，单跑8个踏步，防滑条工程量设计未注明，请计算客厅踢脚线工程量、楼梯防滑条工程量。

解：

由计算规则可知，块料踢脚板按实贴面积以平方米计算，防滑条工程量按设计长度计算，如设计未注明时，按楼梯、台阶踏步及坡道两端距离减0.3m以延长米计算。

故客厅中国红大理石踢脚板工程量

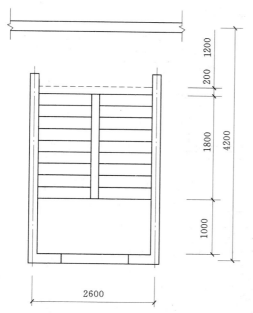

图3-3 某建筑物一层楼梯平面图

$$(6-0.24+3.4-0.24+1.5-0.24+3.4+4.5-0.12+0.24)\times0.15=2.73（m^2）$$

每个踏步楼梯防滑条工程量

$$(2.6-0.24-0.3)\div2-0.3=0.73（m）$$

楼梯防滑条工程量

$$0.73\times8\times2=11.68（m）$$

2.3 墙柱面工程工程量计算规则及计算实例

墙面装修按材料和施工方法不同分为抹灰、贴面、涂刷和裱糊四类。抹灰分为一般抹灰和装饰抹灰（水刷石、干黏石、斩假石及拉灰条、甩毛灰等）；块料饰面板包括石材饰面板、陶瓷面砖、玻璃面砖、金属饰面板、塑料饰面板、木质饰面板等；抹面层是指一般抹灰的普通抹灰、中级抹灰、高级抹灰的面层；墙、柱面块料饰面施工一般分为粘贴法和安装法，常见的安装法有挂贴方式和干挂方式。

2.3.1 墙面

（1）墙面抹灰按设计图示尺寸以面积计算。

（2）墙面镶贴块料按设计图示尺寸以面积计算，其中干挂石材钢骨架按设计图示尺寸以质量计算。

（3）墙饰面按设计图示墙净长乘以净高以面积计算。

2.3.2 柱面

（1）柱面抹灰按设计图示柱断面周长乘以高度以面积计算。

（2）柱面镶贴块料按设计图示尺寸以面积计算。

（3）柱（梁）饰面按设计图示饰面外围尺寸以面积计算，柱帽、柱墩并入相应柱饰面工程量内计算。

2.3.3 零星抹灰、镶贴块料按设计图示尺寸以面积计算

2.3.4 隔断按设计图示框外围尺寸以面积计算

2.3.5 幕墙

（1）带骨架幕墙按设计图示框外围尺寸以面积计算。

（2）全玻璃幕墙按设计图示尺寸以面积计算，带肋全玻璃幕墙按展开面积计算。

【例3-5】 墙面工程量：某一层建筑平面如图3-4所示，墙厚240mm，房屋高度为3m，女儿

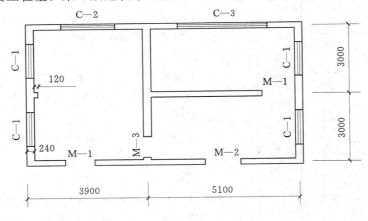

门窗表	
M—1	1000mm×2000mm
M—2	1200mm×2000mm
M—3	900mm×2400mm
C—1	1500mm×1500mm
C—2	1800mm×1500mm
C—3	3000mm×1500mm

图3-4 某建筑平面图

墙高900mm，屋面板厚200mm，内墙面白色内墙乳胶漆（巴德士乳胶漆），外墙面贴青色艺术砖，试计算该工程内墙乳胶漆、外墙贴砖工程量。

解：

由计算规则可知，墙面抹灰按设计图示尺寸以面积计算；墙饰面按设计图示墙净长乘以净高以面积计算。

则内墙乳胶漆工程量为

$$内墙净长 \times 高 - 门窗洞口面积 = [(3.9-0.24)\times2+(5.1-0.24)\times4+(6-0.24+0.24+0.12\times2)$$
$$+(6-0.24)\times2]\times(3-0.2)-4C_1-C_2-C_3-2M_1-M_2-M_3$$
$$=[(3.9-0.24)\times2+(5.1-0.24)\times4+(6-0.24+0.24+0.12\times2)$$
$$+(6-0.24)\times2]\times(3-0.2)-4\times1.5\times1.5-1.8\times1.5-3\times1.5-2$$
$$\times1\times2.0-1.2\times2-0.9\times2.4=99.89 （m^2）$$

$$外墙艺术砖工程量 = [(3.9-0.24)\times2+(5.1-0.24)\times4+(6-0.24+0.24+0.12\times2)$$
$$+(6-0.24)\times2]\times(3-0.2)-4C_1-C_2-C_3-M_1-M_2=[(3.9-0.24)$$
$$\times2+(5.1-0.24)\times4+(6-0.24+0.24+0.12\times2)+(6-0.24)\times2]$$
$$\times(3+0.9)-4\times1.5\times1.5-1.8\times1.5-3\times1.5-1\times2.0-1.2\times2$$
$$=153.03 （m^2）$$

【例3-6】 某钢筋混凝土圆柱面干挂大理石如图3-5所示，柱身长3.75m，柱帽高150mm，圆柱直径为600mm，大理石厚度为20mm，柱帽处直径为700mm，试计算柱面干挂大理石工程量。

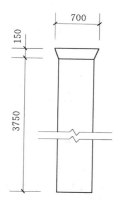

图3-5 柱剖面图

解：

由计算规则可知，柱面镶贴块料按设计图示尺寸以面积计算；柱（梁）饰面按设计图示饰面外围尺寸以面积计算，柱帽、柱墩并入相应柱饰面工程量内计算。

$$所求工程量 = 柱身工程量 + 柱帽工程量$$
$$柱身工程量 = \pi\times0.64\times3.75 = 3.14\times0.64\times3.75 = 7.54 （m^2）$$
$$柱帽工程量 = \pi\times\frac{0.64+0.74}{2}\times0.15 = 0.33 （m^2）$$

柱面挂贴花岗岩的工程量 $=7.54+0.33=7.87 （m^2）$

2.4 天棚面工程工程量计算规则及计算实例

天棚按构造形式不同分为直接式天棚和悬吊式天棚（吊顶），吊顶主要由吊杆（筋）、龙骨、基层材料、面层材料组成，龙骨按材质有木龙骨、轻钢龙骨、铝合金龙骨，龙骨按造型可分为上人与不上人，以及平面、跌级、锯齿形、阶梯形、吊挂式、藻井式及矩形、圆弧形、拱形等类型，天棚面层有石膏板、埃特板、装饰吸声罩面板、塑料装饰罩面板、镜面玲珑板、纤维水泥加压，格栅吊顶面层有木格栅、金属格栅、塑料格栅等，吊筒吊顶有木（竹）质吊筒、金属吊筒、塑料吊筒及圆形、矩形、扁钟形吊筒等。

（1）各种吊顶顶棚龙骨工程量按主墙间净空面积计算，不扣除间壁墙、检查口、附墙烟囱、柱、垛和管道所占面积。

（2）天棚基层按展开面积计算。

（3）顶棚装饰面层，按主墙间净空面积计算，不扣除间壁墙、检查口、附墙烟囱、柱、垛和管道所占面积，但应扣除0.3m² 以上的孔洞、独立柱、灯槽及与顶棚相连的窗帘盒所占面积。

（4）灯槽及贴板逢按延长米计算。

（5）天棚铺设的保温吸音层分不同厚度按实铺面积计算。

（6）板式楼梯底面的装饰工程量按水平投影面积乘以1.15系数计算，梁式楼梯底面按展开面积计算。

（7）天棚抹灰按设计图示尺寸以水平投影面积计算。

（8）天棚面层在同一标高为一级天棚，天棚面层不在同一标高且高差大于200mm以上为2～3级天棚，其中2～3级天棚面层人工消耗量乘以系数1.10。

【例3-7】 某建筑轴线间距离为5.6m×4.8m，墙厚240mm，天棚面层为镜面玲珑板，四周设有150mm石膏板灯槽，室内内有方柱尺寸：400mm×400mm。试计算天棚面层的工程量、灯槽的工程量。

解：

因为方柱面积为$0.4×0.4=0.16m^2<0.3m^2$故不用扣除方柱所占面积。

天棚饰面板（镜面玲珑板）工程量＝（5.6－0.24－0.15）×（4.8－0.24－0.15）

$$=5.21×4.41$$

$$=22.98（m^2）$$

灯槽工程量＝[（5.6－0.24）＋（4.8－0.24）]×2＝19.84（m）

【例3-8】 某店铺顶棚平面如图3-6所示，设计木龙骨矿棉吸音板面吊顶（龙骨间距450mm×450mm），窗帘盒，宽180mm，墙厚240mm，试计算顶棚的龙骨和面层的工程量。

解：

木龙骨的工程量＝主墙间的面积

$$=（4.6－0.24）×（5.0－0.24）$$

$$=4.36×5.76$$

$$=25.11（m^2）$$

矿棉吸音板面层的工程量＝主墙间净空面积－

顶棚相连的窗帘盒所占面积

$$=（4.6－0.24）×（5.0－0.24－0.18）$$

$$=24.33（m^2）$$

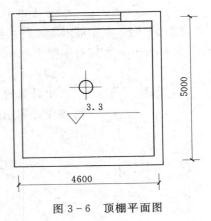

图3-6 顶棚平面图

2.5 门窗工程工程量计算规则及计算实例

2.5.1 门窗按照定额子目划分

按照定额子目划分有木门窗、钢木门、钢门窗、彩板门窗、塑钢门窗、铝合金门窗、卷闸门、特种门、无框全玻璃门、门窗装饰、门窗五金等项目，门窗的组成由门框、门窗扇、门窗五金配件等构成。

2.5.2 门窗类型

门窗类型是指带亮子或不带亮子，带纱或不带纱，单扇、双扇或三扇，半百叶或全百叶，半玻或全玻，全玻自由门或半玻自由门，带门框或不带门框，单独门框和开启方式（平开、推拉、折叠）等；木门窗五金配件包括折页、插锁、风钩、弓背拉手、搭扣、弹簧折页、管子拉手、地弹簧、滑轮、滑轨、门轧头、角铁、木螺丝等；铝合金门窗五金配件包括卡锁、滑轮、铰拉、执手、拉把、拉手、风撑、角码、牛角制、地弹簧、门销、门插、门铰等；其他五金配件包括L形执手锁、球形执手锁、地锁、防盗门扣、门眼、门碰珠、电子锁（磁卡锁）、闭门器、装饰拉手等。

2.5.3 门窗工程工程量计算规则

（1）木门、木窗框安装工程量，均按框外围面积以平方米计算，无框的木门窗安装工程量按门窗扇外围面积以平方米计算。

（2）钢门窗安装工程量均按门窗的框外围面积以平方米计算，纱窗安装工程量按门窗扇外围面积以平方米计算。

（3）钢门窗、彩板门窗、塑钢门窗、铝合金门窗的安装玻璃其工程量按安装玻璃部分的框外围面积以平方米计算。

　　（4）特种门计算规则同钢门。

　　（5）防火卷帘门工程量按楼面或地面距墙板顶点的高度乘以门的宽度以平方米计算。

　　（6）卷帘门安装工程量按门洞高度增加0.6m乘以门洞宽度以平方米计算，其电动装置安装以套计算，活动小门以个计算。

　　（7）不锈钢板包门框按展开面积以平方米计算，无框玻璃门窗按扇外围面积以平方米计算。

　　（8）门窗筒子板及窗台板工程量按实铺面积以平方米计算。

　　（9）门窗贴脸、窗帘盒工程量按设计长度以米计算。

　　（10）门窗筒子板及窗台板定额项目不包括装饰线条、另按本定额第六章相应项目计算。《甘肃省建筑装饰装修工程消耗量定额》（2003）。

　　（11）门窗五金安装工程量按设计要求增加的五金数量计算。

　　【例3-9】 某房间有实木装饰门2樘，洞口尺寸为900mm×2400mm，木质带纱扇门连窗1个，尺寸如图3-7所示，铝合金推拉窗2个，洞口尺寸为2200mm×1800mm，试计算该房间门窗工程量。

　　解：

实木装饰门2樘	$0.9×2.4×2=4.32$（m²）
带扇木门	$0.8×2.2=1.76$（m²）
带扇木窗	$1.2×1.2=1.44$（m²）
铝合金推拉窗	$2.2×1.8×2=7.92$（m²）

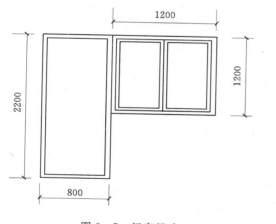

图3-7　门窗尺寸

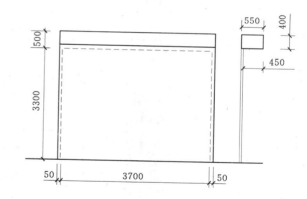

图3-8　车库卷闸门示意图（单位：mm）

　　【例3-10】 某单位车库如图3-8所示，安装遥控电动铝合金卷闸门（带卷筒罩）1樘。门洞口：3700mm×3300mm，卷闸门上有一活动小门：750mm×2000mm，试计算车库卷闸门工程量。

　　解：

$$铝合金卷闸门消耗工程量＝门帘工程量＋卷筒罩工程量$$
$$卷闸门消耗工程量＝(3.3+0.5)×(3.7+0.05×2)+(0.55+0.4+0.45)×(3.7+0.05×2)$$
$$＝3.8×3.8+1.4×3.8$$
$$＝14.44+5.32$$
$$＝19.76（m²）$$
$$电动装置安装工程量＝1（套）$$
$$小门安装工程量＝1（扇）$$

　　【例3-11】 某学校公寓楼厕所平面、立面图如图3-9、图3-10所示，隔断及门采用木隔断。试计算厕所塑钢隔断工程量。

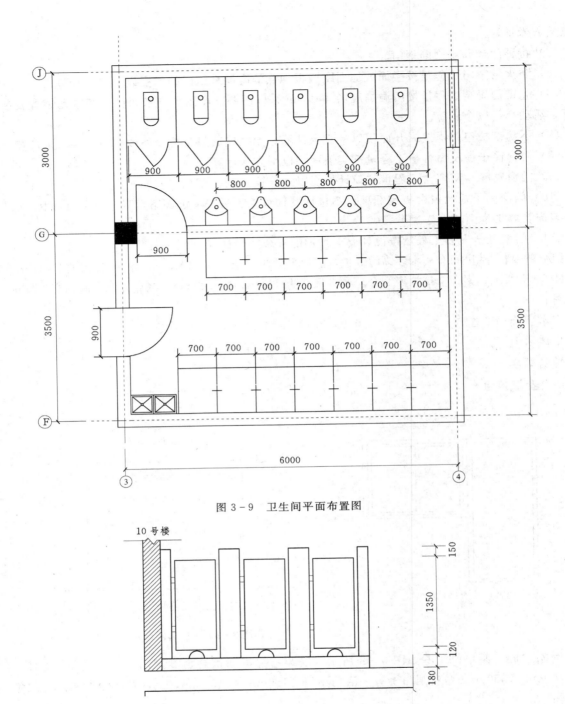

图 3-9 卫生间平面布置图

图 3-10 卫生间立面布置图

解：

厕所隔间木隔断工程量＝(1.35＋0.15＋0.12)×(0.3×5＋0.15×2＋1.2×6)

= 1.62×9=14.58（m²）

厕所隔间木门的工程量＝1.35×0.7×6=5.67（m²）

厕所木隔断工程量＝隔间木隔断工程量＋隔间木门的工程量＝14.58＋5.67=20.25（m²）

【例 3-12】 某客厅的门洞：3000mm×2500mm，设计做门套装饰，实木贴脸，贴脸宽 120mm，筒子板宽 240mm，墙厚 240mm，安装铝合金窗帘杆。试计算贴脸、筒子板、窗帘杆工程量。

解：

$$实木贴脸工程量＝(3＋2.5×2)＝8(m)$$
$$筒子板工程量＝(3＋2.5×2)×0.24＝1.92(m^2)$$
$$铝合金窗帘杆工程量＝3.0＋0.15×2$$
$$＝1.8(m)$$

2.6 油漆、涂料及裱糊工程工程量计算规则及计算实例

油漆施工根据基层的不同，有木材面油漆、金属面油漆、抹灰面油漆等种类，涂料施工有刷涂、喷涂、滚涂、弹涂、抹涂等形式，油漆、涂料施工一般经过基层处理、打底子、刮腻子、磨光、涂刷等工序，裱糊有对花和不对花两种类型，腻子种类分石膏油腻子（由熟桐油、石膏粉及适量水调制）、胶腻子（由大白、色粉及羧甲基纤维素调制）、漆片腻子（由漆片、酒精、石膏粉及适量色粉调制）、油腻子（由矾石粉、桐油、脂肪酸及松香调制）等，腻子要求分为刮腻子遍数（道数）、满刮腻子和找补腻子等。

2.6.1 油漆

（1）单层木门、单层玻璃窗、木扶手（不带托板）、木地板、其他木材面油漆按设计图示尺寸的工程量为基数分别乘以规定系数计算。

（2）金属面油漆的工程量以单层钢门窗、其他金属面、平板屋面工程量为基数乘以规定系数。

（3）抹灰面油漆及水质涂料，可利用相应的抹灰工程量面积计算，槽型底版（系数1.3）、混凝土折板（系数1.3）、密勒、井字底板（系数1.5）按设计图示尺寸的面积乘以系数（1.3；1.5）凝土平板式楼梯底抹灰按水平投影面积乘以系数（1.3），见表3-1。

表3-1   **单层木门窗工程量系数表**

单层木门工程量系数表			单层木窗工程量系数表		
项目名称	系数	工程量计算方法	项目名称	系数	工程量计算方法
单层木门	1.00	按框外围面积	单层玻璃窗	1.00	按框外围面积
镶板门	1.14		一板一纱窗	1.36	
装饰门	1.35		双层玻璃窗	2.00	
一板一纱门	1.36		木百叶窗	1.50	
单层全玻璃门	0.83				
单层半截玻璃门	0.98				
木百叶门	1.25				
厂库房大门	1.10				

2.6.2 涂料

（1）喷刷涂料按设计图示尺寸以面积计算。

（2）空花格、栏杆刷涂料按设计图示尺寸以单面外围面积计算。

（3）线条刷涂料按设计图示尺寸以长度计算。

2.6.3 裱糊

按设计图示尺寸以面积计算

【例3-13】 如〔例3-11〕中图所示，隔断及门采用木隔断，刷乳白色乳胶漆，试计算木隔断刷漆工程量。

解：

厕所隔间木隔断刷漆工程量＝(1.35＋0.15＋0.12)×(0.3×5＋0.15×2＋1.2×6)×1.9(木材

面油漆工程量系数表中木间壁、木隔断乘以相应的系数为 1.9)

$$=1.62×9×1.9=28.12（m^2）$$

厕所隔间木门刷漆的工程量 $=1.35×0.7×6×1（系数）×2$ 面 $=11.34（m^2）$

厕所木隔断刷漆工程量 $=$ 隔间木隔断刷漆工程量 $+$ 木门刷漆的工程量

$$=29.16+11.34=40.5（m^2）$$

【例 3-14】 某一住宅采用 1200mm×2800mm 镶板门 4 樘，1800mm×1800mm 一玻一纱木窗 8 樘，木门刷调和漆两遍，请计算该住宅门窗油漆工程量。

解：

镶板门工程量（门框外围面积）$=1.18×2.77×4=13.07（m^2）$

镶板门油漆工程量 $=13.07×1.14=14.90（m^2）$

一玻一纱木窗（窗框外围面积）$=1.77×1.77×8=25.06（m^2）$

一玻一纱木窗油漆工程量 $=25.06×1.36=34.09（m^2）$

【例 3-15】 某建筑中某一轴线外墙高距天棚底 3600mm，墙厚 240mm 该墙上有 1500mm× 1800mm 的窗 2 个，挂镜线距天棚底 600mm，该墙轴线长 6000mm，木墙裙高 1000mm，上润油粉、刮腻子、油色、清漆四遍、磨退出亮；内墙抹灰面满刮腻子两遍，贴对花墙纸，试计算木墙裙、墙纸裱糊挂镜线工程量。

解：

木墙裙的工程量，因木墙裙项目已包括油漆，不另计算其油漆。

木墙裙的工程量 $=$ 墙群净长×墙群净高 $=（6-0.24）×1.0=5.76（m^2）$

墙纸裱糊工程量 $=$ 内墙净长×裱糊高度 $-$ 门窗洞口面积 $+$ 洞口侧面面积

$$=（6.0-0.24）（3.0-1.0）-1.5×1.8×2+（1.5+1.8）×2×0.12$$

$$=11.52-5.4+0.79$$

$$=6.82（m^2）$$

挂镜线工程量 $=（6-0.12×2）=5.76（m）$

2.7　其他工程工程量计算规则及计算实例

其他工程包括装饰线条，栏杆栏板扶手、暖气罩、招牌、灯箱、货架、柜类、梳洗室用具等项目。

（1）各类装饰线条均按延长米计算。

（2）暖气罩按设计图示尺寸以垂直投影面积（不展开）计算。

（3）平面、箱式招牌按设计图示尺寸以正立面边框外围面积计算。复杂的凹凸造型部分不增加面积；竖式标箱、灯箱按设计图示数量计算。

（4）洗漱台按设计图示尺寸以台面外接矩形面积计算。

（5）晒衣架、帘子杆、浴缸拉手、毛巾杆（架）、毛巾环、卫生纸盒、肥皂盒等按设计图示数量计算。

（6）美术字按设计图示数量以个计算。

【例 3-16】 某暖气罩的外围尺寸（包括支脚高度）为 2000mm×980mm，试计算暖气罩的工程量。

解：

暖气罩工程量 $=0.98×2.0=1.96（m^2）$

复习思考题

1. 何为建筑面积？何为结构面积？何为使用面积？何为交通面积？

2. 楼地面工程工程量的计算规则是什么？

3. 分别写出墙面、柱面工程的工程量计算规则。

4. 写出天棚面工程工程量计算规则。

5. 写出门窗工程的工程量计算规则。

6. 分别写出油漆、涂料及裱糊工程的工程量计算规则。

课题三　建筑装饰装修工程费的构成及计算方法

3.1　建筑安装工程费的构成及计算

3.1.1　建设工程费用构成

建设工程是国家确立建设项目投资的主要依据。根据建设部《建设工程造价管理有关规定》，建设工程主要有以下几种费用构成。

3.1.1.1　单项工程费

单项工程费包括建筑工程费、安装工程费、永久设备购置费、材料和设备价差等四项费用。

3.1.1.2　工程建设其他费用

工程建设其他费用包括国家建设征用土地补偿费、建设单位管理费、研究实验检验费、生产职工培训费、勘察设计费、联合试运转费、供电贴费、施工机械迁移费、引进技术和进口设备项目其他费用。

1. 国家建设征用土地补偿费

指按国务院关于《国家建设征用土地条例》规定所支付的各项费用，包括：征用土地补偿费、劳动力安置费、青苗补偿费、房屋迁移费、迁坟费、古墓挖掘费、征用土地管理费、征用菜地开发建设基金、耕地占用税、城镇土地使用税。

2. 建设单位管理费

建设单位为进行建设项目筹建、建设、联合试运转、验收总结等工作所发生的管理费用。但不包括应计入设备、材料预算价格的建设单位采购及保管材料所需要的费用。

建设单位管理费内容包括：工作人员的工资、工资附加费、劳保支出、差旅费、办公费、工具用具使用费、固定资产使用费、劳动保护费、零星固定资产购置费、招募生产工人费、技术图书资料费、合同公证费、工程质量监督费、完工清理费、建设单位临时设施费用以及其他管理性质开支。

3. 研究试验费

指为本建设项目提供或验证设计数据资料进行必要的研究实验，按照设计规定在施工过程中必须进行试验所需的费用，以及支付科技成果、先进技术的一次性技术转让费。但不包括以下几种费用。

（1）应由科技三项费用（即新产品试验费、中间试验费和重要科学研究补助费）开支的项目。

（2）应由间接费开支的施工企业对建筑材料、构件和建筑物进行一般鉴定、检查所发生的费用及技术革新的研究试验费。

（3）应由勘察设计费、勘察设计单位的事业费或基本建设投资中开支的费用项目。

4. 生产职工培训费

（1）新建企业或新增生产能力的扩建企业在交工验收前自行培训或委托其他厂（矿）培训技术人员、工人和管理人员所发生的费用。

（2）生产单位为参加施工、设备安装、调试以及熟悉工艺流程、机械性能等需要提前进厂人员所支出的费用。

费用内容包括：培训人员和提前进厂人员的工资、工资附加费、差旅费、实习费、劳动保护费和住宿通勤费等。

5. 勘察设计费

勘察设计费包括以下几项费用：

（1）委托勘察设计单位进行勘察设计时，按规定应支付的工程勘察设计费。

（2）为本建设项目进行可行性研究而支付的费用（包括环保预测费）。

（3）施工图设计预算编制费。

（4）在规定范围内由建设单位自行勘察设计所需的费用。

6. 联合试运转费

联合试运转费指新建企业或新增企业生产流程的扩建企业，在竣工验收前，按照设计规定的工程质量标准，进行整个车间的负荷或无负荷联动试运转所发生的费用支出大于试运转收入的亏损部分，必须的工业炉烘炉费。不包括应由设备安装费用开支的试车费。

费用内容包括：试运转所需的原料、燃料和动力的消耗费用、机械使用费用、低值易耗品及其他物品的费用和施工单位参加联合试运转人员的工资等。

试运转收入包括：试运转产品销售和其他收入。

7. 供电贴费

供电贴费指按国家规定，建设单位应支付的供电工程贴费、施工临时用电贴费。

8. 施工机构迁移费

指施工机构根据建设任务的需要，经有关部门决定成建制地由原地迁移到25km以外施工的一次性搬迁费用。内容包括职工及随同家属的差旅费、调迁其间的工资、施工机械、工具用具和周转性材料的搬迁费。不包括：应由施工企业自行负担的25km以内调动施工力量及内部平衡施工力量所发生的迁移费用；因中标而引起的施工机械迁移所发生的迁移费。

符合计算施工机构迁移费的工程完工后，施工机构调往另一建设单位，其调出的迁移费由新的建设单位负担。如无任务需返回原驻地，其返回费用仍由原调入的建设单位负担。

9. 引进技术和进口设备其他费用

其内容包括：

（1）应聘来华的外国工程技术人员的生活和接待费。

（2）为引进技术和进口设备项目派出人员到外国培训和进行设计；联络、设备材料检验所需的差旅费、生活费和服装费等。

（3）国外设计及技术资料费、专利和技术保密费、延期或分期付款利息、进口设备材料检验费。

（4）从外国引进成套设备建设项目工程建成投产前，建设单位向保险公司投保建筑工程或安装工程应缴纳的保险费。

3.1.1.3　预备费

预备费包括为工程建设过程中出现的各种不可预见性问题而预留的资金和由于市场变化引起工程造价增涨而预留的资金。

3.1.1.4　固定资产投资方向调节税

固定资产投资方向调节税是指根据建设工程的性质、建设项目的规模和国家产业政策；按照《中华人民共和国固定资产投资方向调节税暂行条例》的税率表的规定计算的费用。该项费用列入建设项目总造价。

3.1.1.5　建设期贷款利息

建设期贷款利息是指根据建设工程投资金额、按照规定的建设投资贷款利率及计息方法计算的建设期贷款利息支出。该项费用应列入建设项目总造价。

3.1.1.6　铺底流动资金

铺底流动资金是指为保证生产或经营项目投入生产或经营初期能正常投产或经营而准备的资金。为确保资金来源，按其所需流动资金的一部分（有规定为30%）列入建设项目投资。计入建设工程费用。

3.1.2 建筑安装工程费用构成

建筑装饰工程在施工过程中，不仅要发生装饰材料和装饰机械与机具的价值转移，同时还要发生体力与脑力劳动价值的转移并为社会创造新价值。这些价值都应体现在装饰工程费用上。因此，装饰工程费用应包括直接消耗于建筑安装工程的费用（直接工程费）、间接消耗的费用（间接费）、其他费用以及利润和税金四部分。

3.1.2.1 直接工程费

直接工程费由直接费、其他直接费、现场经费组成。

1. 直接费

直接费由人工费、材料费和施工机械台班使用费组成。

（1）人工费。人工费是指应列入预算定额的直接从事建筑装饰工程施工工人和附属辅助生产单位工人的人工数和相应的基本工资、工资性质津贴。人工费中不包括材料保管、采购、运输人员、机械操作人员、施工管理人员的工资。

（2）材料费。指列入定额分项中的再施工过程中消耗的构成工程实体的各种材料数量（包括原材料、辅助材料、构配件、零部件、成品、半成品及各种周转材料）按照工程建设地的材料预算价格计算的费用。

（3）施工机械台班使用费。指列入定额分项中的在施工过程中使用的各种机械台班数量，按照相应的机械台班费用定额计算的机械使用费和小型机具使用费。

2. 其他直接费

其他直接费是指在直接费之外，但又在施工过程中直接发生的有关费用，包括冬雨季施工增加费、夜间施工增加费、材料二次搬运费、生产工具用具使用费等。

（1）冬雨季施工增加费。指冬雨季施工需要增加的临时设施（如防雨、防寒棚）、劳保用品、防滑、排除雨雪的人工及劳动效率降低等费用。

（2）夜间施工增加费。指为了确保工程进度和工程质量，需要夜间连续施工而发生的照明设施、误餐补助、劳动效率降低等费用。

（3）材料二次搬运费。指由于施工场地条件限制而发生的材料、成品、半成品一次运输不能到达指定位置，必须进行二次搬运的费用。

（4）仪器仪表使用费。指通信、电子等设备安装工程所需安装、测试仪器仪表摊销及维修费用。

（5）生产工具用具使用费。指施工生产所需的不属于固定资产的生产工具机检验用具等的购置、摊销和维修费以及支付给工人的自备工具补贴费。

（6）检验试验费。指对建筑材料、构件和建筑安装物进行鉴定、检查所发生的费用，包括自设试验进行试验所耗用的材料和化学药品等费用，以及技术革新和研制试验费。

（7）特殊工种培训费。指高空、井下、海上作业等特殊工种培训费用。

（8）工程定位复测、交工验收以及场地清理费。指建筑工程定位复测、交工验收以及建筑物 2m 以内垃圾和 2m 以外因施工造成障碍物的清理费用，但不包括建筑垃圾的场外运输。

（9）特殊地区施工增加费。指铁路、公路、通信、输电、长距离输送管道等工程在原始森林、高原、沙漠等特殊地区施工增加的费用。

3. 现场经费

现场经费指为施工准备、组织施工生产和管理所需的费用，包括临时设施费、现场管理费等。

（1）临时设施费。指装饰施工企业为进行建筑装饰工程施工所必需的生活和生产用建筑物、构筑物和其他临时设施的搭设、维修、拆除费用或摊销费用。

临时设施包括临时宿舍、文化福利及公用事业房屋与构筑物、仓库、办公室、加工厂以及规定范围内道路、水、电、管线等临时设施和小型临时设施。

（2）现场管理费。指现场组织施工过程中发生的管理费用，主要包括：

1）人工费：是指现场管理人员的基本工资、工资性补贴、职工福利费、劳动保护费等。

2）办公费：是指现场管理办公用的文具、纸张、账表、印刷、邮电、书报、会议、水、电、燃煤（气）等费用。

3）差旅交通费：是指现场职工因公出差期间的差旅费、工作调动的差旅费、住勤补助费、市内交通及误餐补助费、职工探亲路费、劳动力招募费、离退休职工一次性路费及交通工具油料、燃料、牌照、养路费等。

4）固定资产使用费：是指现场管理及实验部门使用的属于固定资产的房屋、设备、仪器等折旧及维修等费用。

5）工具用具使用费：是指现场管理使用不属于固定资产的工具、用具、家具、交通工具、检验、试验、消防用具等的摊销及维修费用。

6）保险费：是指施工管理使用财产、车辆保险、高空、井下、海上作业等特殊工种安全保险灯。

7）工程保修费：是指工程竣工使用后，在规定保修期内的返工修理费用。

8）工程排污费：是指施工现场按规定缴纳的排污费用。

9）其他：是指不属于上述费用范围内所发生的有关费用。

3.1.2.2 间接费

间接费由企业管理费、财务费用和其他费用组成。

1. 企业管理费

企业管理费指施工企业为组织施工生产经营活动所发生的管理费用，内容包括：

（1）管理人员基本工资、工资性补贴及按规定标准计提的职工福利费。

（2）差旅交通费。指企业职工因公出差、工作调动的差旅费、住勤补助费、市内交通及误餐补助费、职工探亲路费、劳动力招募费、离退休职工一次性路费及交通工具油料、燃料、牌照、养路费等。

（3）企业办公费。指企业办公用文具、纸张、账表、印刷、邮电、书报、会议、水、电、燃煤（气）等费用。

（4）固定资产使用费。指企业管理用的、属于固定资产的房屋、设备、仪器等折旧费和维修费等。

（5）工具用具使用费。指企业管理使用的不属于固定资产的工具、用具、家具、交通工具、检验、试验、消防用具等的摊销及维修费用。

（6）工会经费。指企业按职工工资总额的2%计提的工会经费。

（7）职工教育经费。指企业为职工学习先进技术和提高文化水平按职工工资总额的1.5%计提的费用。

（8）劳动保险费。指企业支付离退休职工的退休金，价格补贴、医药费、易地安家补助费、职工退休金、6个月以上的病假人员工资、职工死亡丧葬补助费、抚恤费、按规定支付给离休干部的各项费用。

（9）职工养老保险费及待业保险费。指职工退休养老金的积累及按规定标准计取的职工待业保险费。

（10）保险费。指管理用车辆及企业其他财产保险的费用。

（11）税金。指企业按规定缴纳的房产税、车船使用税、土地使用税、印花税及土地使用费等。

（12）其他。包括技术转让费、技术开发费、业务招待费、排污费、绿化费、广告费、公证费、法律顾问费、审计费、咨询费等。

2. 财务费用

财务费用指企业为筹集资金而发生的各项费用，包括企业经营期间发生的短期贷款利息净支出，汇兑净损失、调剂外汇手续费、金融机构手续费，以及企业筹集资金发生的其他财务费用。

3. 其他费用

其他费用指按规定支付工程造价（定额）管理部门的定额编制管理费及劳动定额管理部门的定额测定费，以及有关部门规定支付的上级管理费。

3.1.2.3 计划利润

指按规定应计入建筑安装工程造价的利润。依据不同投资来源或工程类别实施差别利率（市场经济可以不考虑）。

3.1.2.4 税金

指国家税法规定的应计入建筑安装工程造价内的营业税、城市维护建设税及教育费附加。

3.1.3 建筑装饰工程费用与建设工程费用特点比较

建筑装饰工程的费用与一般建设工程费用的构成是大致相同的，但由于装饰工程施工与一般土建装饰工程施工相比有其自身的特殊性，主要表现在以下几点。

3.1.3.1 定额计价构成不同

在有些地区的装饰工程预算定额基价中，定额直接费除含人工费、材料费、机械使用费外，还包含有一项综合费用，而土建装饰工程中不含这些项费用。

3.1.3.2 费用构成不同

建筑装饰工程费用的构成与一般土建装饰工程亦有所不同。土建装饰工程中计算的冬雨季施工增加费，无论在施工中是否发生，均包干计取此费用，而装饰工程则按实际发生价格据实计算，不发生不计取。

3.1.3.3 费用计算基础不同

建筑装饰工程费用与土建装饰工程相应费用的计算基础不同。在土建工程中，不同单位工程的各分部（项）工程，其直接费用相差较大，但综合成为单位工程时，各单位工程的直接费用则是较为稳定的，各种差别相互抵消，因此，土建工程以直接费（或定额直接费）作为计取各项费用的基础。土建装饰工程作为土建工程中的一个分部工程，其取费基础与土建工程相同，费用包含在土建工程费用之中。但在装饰工程中，各种材料的价值很高，价差很大，直接费数量受材料价格影响很大，很不稳定，但其中人工费用的数量则是比较稳定的，因此，装饰工程以定额人工费作为其他费用的计算基础。

3.1.4 建筑装饰工程费用计算的原则

建筑装饰工程费用计算是编制工程预算的重要环节，因此费用计算的合理性和准确性直接关系到工程造价的精确性。应贯彻以下原则。

1. 符合社会平均水平原则

建筑装饰工程费用计算应按照社会必要劳动量确定，一方面要及时准确地反映企业技术和施工管理水平，有利于促使企业管理水平不断提高，降低费用支出；另一方面应考虑人工、材料、机械费用的变化会影响建筑装饰工程费用构成中有关支出发生变化的因素。

2. 实事求是、简明适用原则

计算费用时，应在尽可能地反映实际消耗水平的前提下，做到形式简明，方便适用。要结合工程的具体技术经济特点，进行认真分析，按照国家有关部门规定的统一费用项目划分，制定相应费率，且与不同类型的工程和企业承担工程的范围相适应。

3. 贯彻灵活性和准确性相结合的原则

在建筑装饰工程费用的计算过程中，一定要充分考虑对工程造价造成影响的各种因素，进行定性、定量的分析研究后制定出合理的费用标准。

3.1.5 建筑装饰工程费用计算方法

我国建筑装饰工程费用的计算可参照表 3-2。

表 3－2　　　　　　　　　　　　　　　建筑装饰工程预算费用计算表

费用构成	费用项目		计算方法
直接工程费	直接费	人工费	$\sum$（人工工日消耗量×日工资单价×实物工程量）
		材料费	$\sum$（材料消耗量×材料预算单价×实物工程量）
		机械费	$\sum$（机械台班消耗量×机械台班单价×实物工程量）
	其他直接费		定额人工费×其他直接费费率
	现场经费		定额人工费×现场经费费率
间接费	企业管理费		定额人工费×企业管理费费率
	财务费用		定额人工费×财务费用费率
	劳动保险费		定额人工费×劳动保险费费率
	远地施工增加费		定额人工费×远地施工增加费费率
	施工队伍迁移费		定额人工费×承包合同确定费率
利润	计划利润		定额人工费×计划利润率
税金	营业税、城乡维护建设税、教育费附加		（直接费＋间接费＋利润）×费率

3.1.5.1　直接工程费的计算

直接工程费＝人工费＋材料费＋施工机械使用费

3.1.5.2　其他直接费的计算

单位工程其他直接费＝单位工程定额人工费×其他直接费费率

$$其他直接费费率=\frac{\sum 典型工程其他直接费}{\sum 典型工程定额人工费}\times 100\%$$

3.1.5.3　现场经费的计算

现场经费＝单位工程定额人工费×现场经费费率

$$现场经费费率=\frac{\sum 典型工程现场经费}{典型工程定额人工费}\times 100\%$$

3.1.5.4　企业管理费的计算

单位工程企业管理费＝单位工程定额人工费×企业管理费费率

企业管理费费率＝建安生产工人每人年平均企业管理费开支/（全年有效施工天数

×平均每工日人工费）×100%

3.1.5.5　税金的计算

（1）营业税。从事建筑安装的纳税人，在取得营业收入后，以营业收入额为计算营业税的依据，税率为3%。即

营业收入＝直接工程费＋间接费＋计划利润＋税金

税金＝（直接工程费＋间接费＋计划利润＋税金）×3%

（2）城市维护建设税。城市维护建设税以营业税额为计税依据。按规定，当纳税人所在地为市区时，其适用税率为7%；当纳税人所在地为县、镇时，税率为5%。

（3）教育费附加。教育费附加以营业税为计税依据，其适用税率为2%。

3.2　措施费、规费的构成及计算

3.2.1　措施费

措施项目费是指分部分项工程费以外，为完成该工程项目施工，发生于该工程施工前和施工过程

中技术、生活、安全等方面的非工程实体项目所需的费用。

措施费主要包括：技术措施费和其他措施费。

3.2.1.1 技术措施费

是指施工企业为完成工程项目施工，应发生于该工程施工前和施工过程中的技术性非工程实体项目的费用。主要内容包括：垂直运输机械使用费，大型机械安装、拆除和进出场费、脚手架使用费、超高增加费和其他技术措施费。

1. 垂直运输机械使用费

垂直运输机械使用费是指装饰工程在施工有效期内发生的垂直运输机械各项使用费用。

装饰工程垂直运输方式多样，采用的垂直运输机械也各不相同。其垂直运输机械使用费的确定不能像建筑工程那样按建筑面积、高度、结构类型及机械的种类确定垂直运输机械的台班使用费。通常，装饰工程中垂直运输方式有两种：一种是选择新建建筑工程的垂直运输机械来解决装饰工程的垂直运输问题。其垂直运输机械台班费用，由专业施工单位按双方协商的台班使用费付给主体承包施工单位。另一种是由装饰公司单独租赁设备台班单价与台班使用天数的乘积。新的计价方法要求施工企业根据自身的技术水平和管理水平，自主确定该项费用。

2. 大型设备进出场及安拆费

机械整体或分体自停放场地运至施工现场或由一个施工地点迁至另一个施工地点，所发生的机械进出场运输转移费用及机械在施工现场进行安装、拆卸所需的人工费、材料费、机械费、试运转费和安装所需的辅助设施的费用。

3. 混凝土、钢筋混凝土模板及支架费

混凝土施工过程中需要的各种钢模板、木模板、支架等的支、拆、运输费用及模板、支架的摊销（或租赁）费用。

4. 脚手架费

施工需要的各种脚手架搭、拆、运输费用及脚手架的摊销（或租赁）费用。装饰工程脚手架使用费的确定是按照单项脚手架计算规则按实际搭设的形式和种类计算。

5. 超高增加费

是指建筑物檐高 20m（层数 7 层）以上的工段，由于建筑物高度的增加，原定额内测算的人工、机械消耗量定额含量不多，从而影响人工降效和机械降效的增加费用。

主要内容包括：工人上下班降低功效、上楼工作前休息及自然休息增加的时间；垂直运输影响的时间；由于人工降效引起的机械降效；由于水压不足所发生的加压用水泵台班。

6. 其他

是指除上述规定的技术措施费以外的其他技术措施费用。包括技术转让费、技术开发费、广告费、公证费、法律顾问费、审计费、咨询费等。

3.2.1.2 其他措施费

组织措施费用包括工程保险费、环境保护费、临时设施费、文明施工费、安全生产费、夜间施工费、二次搬运费、已完工程及设备保护费、赶工措施费、财务费用和其他费用等。

1. 工程保险费

工程保险费是指建筑安装工程在建设期间根据需要实施工程保险所需的费用。包括以各种建筑工程及其在施工过程中的物料、机械设备为保险标的建筑工程一切险，以安装工程中的各种机械、设备为保险标的安装工程一切险，以及机器损坏保险等。根据不同的工程类别，分别以其建筑、安装工程费乘以建筑、安装工程保险费率计算。

2. 临时设施费

临时设施费是指装饰施工企业为进行建筑装饰工程施工所必需的生活和生产用建筑物、构筑物和其他临时设施的搭设、维修、拆除费用或摊销费用。

临时设施包括临时宿舍、文化福利及公用事业房屋与构筑物、仓库、办公室、加工厂以及规定范围内道路、水、电、管线等临时设施和小型临时设施。临时设施费一般单独核算，包干作用。

3. 文明施工增加费

是指根据建设部《建设工程施工现场管理规定》所发生的费用，内容包括：施工现场基本维护费、标牌费、整洁费、保安费、环境污染措施费等文明施工增加费。

文明施工增加费单独计列，不参与取费，只计税金。计列文明施工增加费的前提条件是达到文明施工的过程，达不到文明施工者，不计取文明施工增加费。

4. 安全措施增加费

是指根据装饰工程施工现场的需要所采取的各项安全保障措施所增加的费用。内容包括：施工现场安全防护网、防尘、防毒、防火、雷电、防灾和通风空调等施工安全措施费用。

安全措施增加费应根据工程施工的需要，采用不同的安全措施，安全措施增加费单独计列，不参与取费，只计税金。

5. 已完工程及设备保护费

是指装饰工程施工完毕但未交付验收使用前对成品和设备进行保护所发生的费用。主要内容包括：已完工程的清理、维护、保洁及设备的调试、保护、移交等费用。

6. 赶工措施费

是指根据设计、施工的技术要求必须连续施工，或根据合理的施工进度计划必须安排连续施工及根据建设单位的要求为提前工期需要组织连续施工而发生的费用。其内容包括：需要组织夜间施工而发生的费用，节假日连续组织施工，按劳动部有关文件规定增加的节、假日补助工资，照明设施的安装、拆卸及摊销费、降低功效、夜间补助费用。

赶工措施费按实际发生计取，不发生则不计取，单独计列，不参与取费，只计税金。

7. 财务费用

是指装饰施工企业为筹集资金而发生的各项费用，包括企业经营期间发生的短期贷款利息净支出、汇兑净损失、金融机构手续费以及企业筹集资金发生的其他财务费用。

8. 其他

是指除上述规定的其他措施费以外的其他措施费用。如总包服务费、预算包干费、工程保修费等。这些费用的发生主要取决于各省、市及地区规定或双方合同协定。

3.2.1.3 措施费的计算

措施费应根据工程的具体情况来确定，以下只列出建筑装饰工程中通用措施费项目的计算方法。

（1）环境保护费：

$$环境保护费 = 直接工程费 × 环境保护费费率（\%）$$

$$环境保护费费率 = \frac{本项费用年度平均支出}{全年建安产值 × 直接工程费占总造价比例}（\%）$$

（2）文明措施费：

$$文明施工费 = 直接工程费 × 文明施工费费率（\%）$$

$$文明施工费费率 = \frac{本项费用年度平均支出}{全年建安产值 × 直接工程费占总造价比例}（\%）$$

（3）安全施工费：

$$安全施工费 = 直接工程费 × 安全施工费费率（\%）$$

$$安全施工费费率 = \frac{本项费用年度平均支出}{全年建安产值 × 直接工程费占总造价比例}（\%）$$

（4）临时设施费：

临时设施费有以下三部分组成：

1）周转使用临建（如活动房屋）。

2）一次性使用临建（如简易建筑）。

3）其他临时设施（如临时管线）。

临时设施费＝（周转使用临建费＋一次性使用临建费）×［1＋其他临时设施所占比例（％）］

其中周转使用临建费为

$$周转使用临建费＝\sum\{（临建面积×每平方米造价）/［使用年限×365$$
$$×利用率（％）］×工期（天）\}＋一次性拆除费$$

一次性使用临建费为

$$一次性使用临建费＝\sum\{（临建面积×每平方米造价）×［1－残值率（％）］\}＋一次性拆除费$$

其他临时设施在临时设施费中所占比例，可由各地区造价管理部门依据典型施工企业的成本资料经分析后综合测定。

（5）夜间施工增加费：

$$夜间施工增加费＝（1－合同工期/定额工期）×（直接工程费中的人工费合计/平均日工资单价）$$
$$×每工日夜间施工费开支$$

（6）二次搬运费：

$$二次搬运费＝直接工程费×二次搬运费费率（％）$$

二次搬运费费率＝年平均二次搬运费开支额/（全年建安产值×直接工程费占总造价比例）（％）

（7）大型机械进出场及安拆费：

$$大型机械进出场及安拆费＝（一次进出场及安拆费×年平均安拆次数）/年工作台班$$

（8）脚手架费：

1）脚手架搭拆费＝脚手架摊销量×脚手架价格＋搭、拆、运输费。

$$脚手架摊销量＝［单位一次使用量×（1－残值率）］/（耐用期÷一次使用期）$$

2）租赁费＝脚手架每日租金×搭设周期＋搭、拆、运输费。

（9）已完工程及设备保护费：

$$已完工程及设备保护费＝成品保护所需机械费＋材料费＋人工费$$

3.2.2 规费的组成与计算

3.2.2.1 规费的概念及组成

规费是指政府和有关部门规定必须缴纳的费用，简称规费。具体内容包括：

（1）工程排污费。施工现场按规定缴纳的工程排污费。

（2）工程定额测定费。按规定支付工程造价（定额）管理部门的定额测定费。

（3）社会保障费。

1）养老保险费。企业按规定标准为职工缴纳的基本养老保险费。

2）失业保险费。企业按照国家规定标准为职工缴纳的失业保险费。

3）医疗保险费。企业按照规定标准为职工缴纳的基本医疗保险费。

（4）住房公积金。企业按规定标准为职工缴纳的住房公积金。

（5）危险作业意外伤害保险。按照建筑法规定，企业为从事危险作业的建筑安装施工人员支付的意外伤害保险费。

3.2.2.2 规费费率的计算

（1）以直接工程费为计算基础。

$$规费费率＝\sum规费缴纳标准×每万元发承包价计算基数/每万元发承包价中的人工费含量$$
$$×人工费占直接工程费比例（％）$$

（2）以人工费为计算基础。

$$规费费率＝\sum 规费缴纳标准×每万元发承包价计算基数/每万元发承包价中的人工费含量×100\%$$

（3）以人工费和机械费合计为计算基础。

$$规费费率＝\sum 规费缴纳标准×每万元发承包价计算基数/每万元发承包价中的人工费和机械费含量×100\%$$

3.2.2.3 规费计算

规费计算按下列公式

$$规费＝计算基数×规费费率（\%）$$

3.3 装饰工程造价的确定

建筑装饰工程各项费用之间存在着密切的内在联系，费用计算必须按照一定的程序进行，才能使装饰工程造价结果准确无误。常见的建筑装饰工程计价程序见表3-3。

表3-3　　　　　　　　常见的建筑装饰工程计价程序

序号	费用项目	计算方法	备　注
（1）	直接工程费	按预算表	工程量×定额基价
（2）	直接工程费中人工费	按预算表	工程量×（定额基价中的人＋机）
（3）	措施费	按规定标准计算	技术措施费过程同直接费；其他措施费按合同约定
（4）	小计	（1）＋（3）	得到直接费
（5）	间接费	（2）×相应费率	企业管理费部分
（6）	计划利润	（2）×相应利润率	
（7）	税金	［（4）＋（5）＋（6）］×税率	规费和税金有时不参与投标报价
（8）	工程造价	（4）＋（5）＋（6）＋（7）	

【例3-6】　某办公楼室内装饰工程的直接工程费为902665元，其中人工费为54620元，已知该地区环境保护费费率，安全、文明施工费费率，二次搬运费率见表3-4。该工程临时设施费为6230元，脚手架搭设费8580元，已完工程成品保护费2500元，夜间施工增加费为7865元，该工程间接费费率为28.92%，利润率为32.89%，所在地区为市区，依据建筑装饰工程计价程序，计算该工程的工程造价。

表3-4　　　　　　　　某地区装饰工程有关费用费率表

序　号	费用名称	计算基础	费率（%）
1	环境保护费	直接工程费	0.5
2	安全、文明施工费	直接工程费	1.25
3	二次搬运费	直接工程费	1.05

解：

（1）根据措施费计算公式，计算该工程的措施费。

环境保护费＝直接工程费×费率＝902665（元）×0.5（%）＝4513.32（元）

安全、文明施工费＝直接工程费×费率＝902665（元）×1.25（%）＝11283.31（元）

二次搬运费＝直接工程费×费率＝902665（元）×1.05（%）＝9477.98（元）

措施费＝环境保护费＋安全、文明施工费＋二次搬运费＋临时设施费＋脚手架搭设费

＋已完工程成品保护费＋夜间施工增加费＝4513.32＋11283.31＋9477.98
＋6230＋8580＋2500＋7865＝50449.62（元）

（2）根据间接费计算公式，计算间接费。

间接费＝∑直接人工费×人工费率＝54620（元）×28.92（％）＝15796.10（元）

（3）根据计划利润公式，计算计划利润。

计划利润＝∑直接人工费×利润率＝54620（元）×32.89（％）＝17964.52（元）

（4）根据税金和税率计算公式，计算税金。

税率＝1／［1－3％－（3％×7％）－（3％×3％）］－1＝3.41％

税金＝（直接工程费＋措施费＋间接费＋利润）×3.41％＝（902665＋50449.62
＋15796.10＋17964.52）（元）×3.41％＝33652.45（元）

（5）工程造价。

工程造价＝直接费小计＋间接费＋计划利润＋税金＝902665＋54620＋50449062
＋15796.10＋17964.52＋33652.45＝1021021.11（元）

具体费用参照表见表3－5。

表3－5　　　　　　　　**具 体 费 用 参 照 表**

序号	费用项目	计算方法	费率（％）	费用（元）
（1）	直接工程费	按预算表		902665
（2）	直接工程费中人工费	按预算表		54620
（3）	措施费	按规定标准计算		50449.62
（4）	小计	（1）＋（3）		953114.62
（5）	间接费	（2）×相应费率	28.92	15796.10
（6）	计划利润	（2）×相应利润率	32.89	17964.52
（7）	税金	［（4）＋（5）＋（6）］×税率	3.41	33652.45
（8）	工程造价	（4）＋（5）＋（6）＋（7）		1021021.11

由于我国各地区的具体情况不同，取费的项目、内容可能发生变化，而且费用的归类、计算方法也可能不同。因此在进行建筑装饰工程费用计算时，要按照当时当地的费用项目构成、费用计算方法等，遵照一定的程序进行计算。

复习思考题

1. 试述建筑装饰工程费用的组成内容。
2. 简述建筑装饰工程费用的取费标准和土建工程的取费标准差别。
3. 直接费由哪些费用组成？
4. 建筑装饰工程各项费用费率如何确定？
5. 简述建筑装饰工程费用计算。

模块四　建筑装饰装修工程预算清单报价

学习目标

1. 掌握工程量清单的概念，掌握建筑装饰工程工程量清单计价的方法及其计算依据。
2. 熟练掌握当地的建筑装饰装修工程计价表中的工程量计算规则及其要求。
3. 掌握建筑安装工程工程量清单计价下的费用构成，熟练掌握工程量清单计价表里的综合单价的组成。

课题一　建筑装饰装修工程工程量清单计价的概述

1.1　工程量清单

建筑装饰装修工程工程量清单是表现拟建装饰工程的分部分项工程项目、措施项目、其他项目名称和相应数量的明细清单，它是按照工程的招标要求和施工图纸的要求将拟建招标工程的全部项目和内容，依据统一的工程量计算规则、统一的工程量清单项目编制规则要求，计算拟建招标工程的分部分项工程数量的表格。它包括分部分项工程量清单、措施项目清单、其他项目清单。工程量清单由招标人或者招标人委托具有资质的中介机构编制。工程量清单作为工程招标文件的组成部分，其内容应全面和准确，以使投标人能对招标工程有全面的了解。

1.2　工程量清单计价

目前，我国建筑装饰工程计价模式通常有两种：一是定额计价模式；二是工程量清单计价模式。定额计价模式是指按照国家有关的产品标准、设计规划和施工验收规范、质量评定标准，并参考行业、地方标准以及有代表性的工程设计、施工资料确定的工程建设过程中完成规定计量单位产品所消耗的人工、材料、机械等消耗量的标准。工程量清单计价方法相对于传统的定额计价方法是一种新的计价模式，也是一种市场定价模式，是在我国建设工程实施了《中华人民共和国招标投标法》后，对建设工程计价方式的重要改革。工程量清单计价是指投标人完成由招标人提供的工程量清单所需的全部费用，包括分部分项工程费、措施项目费、其他项目费和规费、税金等。工程量清单计价方法是在建设工程招投标中，招标人编制反映工程实体消耗和措施性消耗的工程量清单，并作为招标文件的一部分提供给投标人，由投标人依据工程量清单自主报价的计价方式。

1.3　工程量清单计价的特点

在现在的市场经济条件下，工程量清单计价方法有以下特点：

（1）企业根据投标竞争的需要自主报价；投标企业根据招标人提供的工程量清单填写单价（单价中包括所有的费用如成本、利润、风险金等），单价高了不能中标，太低了不中标或者中标后亏本。单价的高低完全根据自己企业的实力情况。

（2）投标企业处在同一平台上竞争；所有投标企业根据招标人提供的相同的工程量清单进行自主报价。这是工程量清单计价的最大的特点，和传统的施工图预算计价方法有很大的区别。传统的施工图计价方法是预算人员根据自己的能力看图计算工程量，工程量的计算出入很大造成了报价的计算相差很大，容易产生纠纷。

（3）有利于实现分线的合理分担；投标人只对自己的报价负责，对工程量的变更和计算错误不负责任；相应的这部分风险由业主负责。

（4）有利于业主对整个工程投资的控制；由于工程量清单已经对工程量的大小有所控制了，根据工程量清单计算的工程价格已经确定了，只要设计已变更投资有所增加就能看得出来。不像以前的施工图预算计价方法只有到最后工程结算时才知道工程投资的增减。

1.4 统一工程量计算规则的意义、工程量计算的意义、依据及注意事项

工程量是指以自然计量单位或者物理计量单位所表示各建筑装饰分项工程或者装饰构、配件的实际数量。

1.4.1 制定统一工程量计算规则的意义

（1）装饰工程工程量计算规则为装饰行业、业主、承建商、设计单位、金融审计部门提供了工程量计算格式上的共同语言。该计算规则是所有参与工程的单位必须遵循的规则，尽管各蛋的性质不同、资质不同、从事的工程内容不同，但对工程量的计算上方法是一致的。

（2）由于装饰工程的费用构成具有多样性和计价的多次性，造成了装饰市场计价的复杂性和多变性，因此，所有参与单位必须按照统一的计算规则要求计算，统一口径、单位和方法。这也是市场特点决定的。

（3）为了对装饰市场竞争进行有序的、合理的控制，避免恶性竞争，损害市场参与者的利益，统一的工程量计算规则以及各种法律法规的协调运用，可以较好的规范装饰市场的竞争行为。

1.4.2 工程量计算的意义

正确计算建筑装饰工程工程量，是编制建筑装饰工程预算的一个重要环节。

（1）建筑装饰工程工程量计算的准确与否，直接影响着建筑装饰工程的预算造价，从而影响着整个建筑工程的预算造价。

（2）建筑装饰工程工程量是建筑装饰施工企业编制施工作业计划，合理安排施工进度，组织劳动力、材料和施工机械的重要依据。

（3）建筑装饰工程工程量是基本建设财务管理和会计核算的重要指标。

1.4.3 工程量计算的依据

工程量是依据施工蓝图规定的各部分项工程的尺寸、数量等通过列项具体计算出来的。一般来说工程量的计算必须具备以下资料：装饰工程全套施工蓝图，施工说明书，施工图中所采用的通用图集，经审定的施工组织设计施工方案，工程量计算规则，工程施工合同，招标文件等。

1.4.4 工程量计算的注意事项

工程量计算是一项复杂而又十分细致的工作，是整个工程预算编制过程中最繁琐的一道工序，计算比较复杂而且花费的时间也很长。因此，在工程量的计算过程中应注意以下事项。

（1）熟悉工程量计算依据中的所有资料。因为工程量的计算依据是工程量计算的前提。不能断章取义。

（2）计算口径必须一致。计算工程量时，根据装饰工程图纸所列出的分项工程子目所包括的工作内容和范围口径，必须与统一规范计量规则中规定的相应分项工程子目的口径一致，才能迅速而准确地套用该地区的装饰工程计价表。

（3）计量单位必须一致。在按图纸计算工程量时，各分项工程的工程量计量单位，必须与计量规则中规定的计量单位一致，才能准确的套用该地区的工程计价表。

（4）计算规则必须一致。计算建筑装饰工程工程量时，必须严格按照工程量计算规则计算，才能保证工程量的准确性，提高工程量和预算造价的编制质量。

（5）以图为准，精确计算。计算建筑装饰工程工程量时，应严格按照施工图纸所标注的尺寸进行计算。计算底稿整洁、数字要清楚。

（6）列式计算以防遗漏。计算工程量是必须列式计算，部位书写清楚，计算公式简单明了，以便审核和校对，保留工程量计算书作为复查的依据。

（7）计算顺序清晰。为了防止计算时不遗漏项目、不重复计算，应按照一定的计算顺序进行计算。

1.4.5 清单工程量计算规则

清单工程量计算规则与各省市装饰工程计价表的计算规则的区别与联系。

（1）联系：清单工程量计算规则是在定额工程量计算规则的基础上发展起来的，大部分保留了定额工程量计算规则的内容和特点，是定额工程量计算规则的继承与发展。

（2）区别：对定额工程量计算规则中不适用于清单工程量计算的，以及不能满足工程量清单项目设置要求的部分进行了修改和调整。主要表现在计量单位的变动、计算口径及综合内容的变动和计算方法的改变等。

1.4.6 工程量清单项目设置及工程量的计算规则

按照《建设工程工程量清单计价规范》（2003）执行。

1.4.7 建筑装饰装修工程量清单计价格式

根据住房和城乡建设部发布的建筑装饰装修工程量清单计价办法，工程量清单应随招标文件发至投标人。工程量清单计价格式应由下列内容组成。

填 表 须 知

（1）装饰工程工程量清单及其计价格式中所有要求签字、盖章的地方，必须由规定的单位和人员签字、盖章。

（2）装饰工程工程量清单及其计价格式中的任何内容不得随意删除或涂改。

（3）装饰工程工程量清单计价格式中列明的所有需要填报的单价和合价，投标人均应填写，未填报的单价和合价，视为此项费用已包含在工程量清单的其他单价和合价中。

（4）金额（价格）均应以人民币表示。

_____工程

工 程 量 清 单

招　标　人：_____（单位签字盖章）

法定代表人：_____（签字盖章）

中介机构法定代表人：_____（签字盖章）

造价工程师及注册证号：_____（签字盖执业专用章）

编制时间：_____

总　说　明

分部分项工程量清单

工程名称：　　　　　　　　　　　　　　　　　　　　　　　　　　　　　第　页　共　页

序号	项目编码	项目名称	计量单位	工程数量

措 施 项 目 清 单

工程名称：

序　号	项　目　名　称

其 他 项 目 清 单

工程名称：

序　号	项　目　名　称

零星工作项目表

工程名称：

序号	名　　称	计 量 单 位	数　　量
1	人工		
2	材料		
3	机械		

1.4.8 工程量清单计价应采用的统一格式

工程量清单计价格式应随招标文件发至投标人。工程量清单计价格式应由下列内容组成。

（1）封面。

（2）投标总价。

（3）工程项目总价表。

（4）单项工程费汇总表。

（5）单位工程费汇总表。

（6）分部分项工程量清单计价表。

（7）措施项目清单计价表。

（8）其他项目清单计价表。

（9）零星工作项目计价表。

（10）分部分项工程量清单综合单价分析表。

（11）措施项目费分析表。

（12）主要材料价格表。

_____工程

工 程 量 清 单 报 价 表

投 标 人：_____（单位签字盖章）

法定代表人：_____（签字盖章）

造价工程师及注册证号：_____（签字盖执业专用章）

编 制 时 间：_____

投 标 总 价

建 设 单 位：_____

工 程 名 称：_____

投 标 总 价：（小写）_____

（大写）_____

投 标 人：_____ （单位签字盖章）

法定代表人：_____ （签字盖章）

编 制 时 间：_____

工程项目总价表

工程名称：

序 号	单 项 工 程 名 称	金额（元）
	合 计	

单项工程费汇总表

工程名称：

序 号	单 位 工 程 名 称	金额（元）
	合 计	

单位工程费汇总表

工程名称：

序　号	项　目　名　称	金额（元）
1	分部分项工程量清单计价合计	
2	措施项目清单计价合计	
3	其他项目清单计价合计	
4	规费	
5	税金	
	合　计	

分部分项工程量清单计价表

工程名称：

序　号	项目编码	项目名称	计量单位	工程数量	金　额（元）	
					综合单价	合　价
		本页小计				
		合　计				

措施项目清单计价表

工程名称：

序　号	项　目　名　称	金额（元）
	合计	

其他项目清单计价表

工程名称：

序　号	项　目　名　称	金额（元）
1	招标人部分	
	小计	
2	投标人部分	
	小计	
	合计	

零星工作项目计价表

工程名称：

序号	项 目 名 称	计量单位	数 量	金额（元）	
				综合单价	合 价
1	人工				
	小计				
2	材料				
	小计				
3	机械				
	小计				
	合计				

分部分项工程量清单综合单价分析表

工程名称：

序 号	项目编码	项目名称	工程内容	综合单价组成（元）					综合单价（元）
				人工费	材料费	机械使用费	管理费	利 润	

措施项目费分析表

工程名称：

序 号	措施项目名称	单位	数量	综合单价组成 （元）					
				人工费	材料费	机械费	管理费	利 润	小 计

主 要 材 料 价 格 表

工程名称：

序 号	材料编码	材料名称	规格、型号等特殊要求	计量单位	单价（元）

复习思考题

1. 什么是建筑装饰装修工程工程量清单?
2. 建筑装饰装修工程工程量计算的意义、依据是什么?
3. 简述工程量清单计算的注意事项。
4. 写出工程量清单计价与定额计价的区别。
5. 什么是建筑装饰装修工程的工程量清单计价?

课题二 建筑装饰工程计价表中的工程量计算规则

学习提示

熟练掌握当地的建筑装饰工程计价表中的工程量计算规则及其要求。以楼地面工程为例,要想计算出装饰工程中楼地面工程各分项工程的清单工程量,必须要清楚各分项工程的构造做法,并熟悉楼地面工程量清单的内容,掌握楼地面工程的工程量计算规则,才能够编制出完整、准确的工程量清单。

2.1 楼地面工程清单项目的内容

楼地面工程的主要内容包括楼面、地面、踢脚线、台阶、楼梯、扶手、栏杆、栏板、防滑条等部位及零星工程的装饰装修。常见的楼地面的做法有如下几种:地面的基本构造层为面层、垫层和基层;楼面的基本构造层为面层和楼板。根据使用和构造要求可增设相应的构造层(如找平层、防水层、保温隔热层等)。面层是直接承受各种物理和化学作用的表面层,分为整体面层和块料面层。整体面层是指水泥砂浆面层、混凝土面层、现浇水磨石面层及菱苦土面层等;块料面层是指大理石面层、花岗岩面层、预制水磨石面层、陶瓷景砖面层、水泥方砖面层、橡胶和塑料板面层等。其他面层是指各类地毯面层、竹地板、防静电活动地板及金属复合地板等。

2.2 楼地面工程量计算规则

(1) 地面垫层按室内主墙间净空面积乘以设计厚度,以立方米计算。应扣除凸出地面的构筑物、设备基础、室内铁道、地沟等所占面积,不扣除柱、垛、间壁墙、附墙烟囱及面积在 $0.3m^3$ 以内孔洞所占面积。

(2) 整体面层、找平层均按主墙间净空面积以平方米计算。应扣除突出地面的构筑物、设备基础、室内管道、地沟等所占面积,不扣除柱、垛、间壁墙、附墙烟囱及面积在 $0.3m^2$ 以内孔洞所占面积,但门洞、空圈、暖气包槽、壁龛的开口部分亦不增加。

(3) 块料面层,按图示尺寸实铺面积计算,门洞、空圈、暖气包槽、壁龛的开口部分的工程量并入相应的面层内计算。

(4) 楼梯面层(包括踏步、平台以及小于 500mm 宽的楼梯井)按水平投影面积计算。

(5) 台阶面层(包括踏步及最上一层踏步沿 300mm)按水平投影面积计算。

(6) 其他。

1) 踢脚板按延长米计算,洞口、空圈、垛、附墙烟囱等侧壁长度亦不增加。

2) 散水、防滑坡道按图示尺寸以平方米计算。

3) 栏杆扶手包括弯头长度按延长米计算。

4) 防滑条按楼梯踏步两端距离减 300mm 以延长米计算。

5) 明沟按图示尺寸以延长米计算。

2.3 楼地面工程量清单编制应用

【例4－1】 如图4－1所示，某中套居室，地面为1：2.5水泥砂浆全瓷抛光地板砖，地板砖规格为600mm×600mm，客厅直线形大大理石踢脚线，卧室榉木板踢脚线，两种材料踢脚线高度均按150mm考虑，试计算全瓷抛光地板砖与踢脚线清单工程量，并分析综合单价。

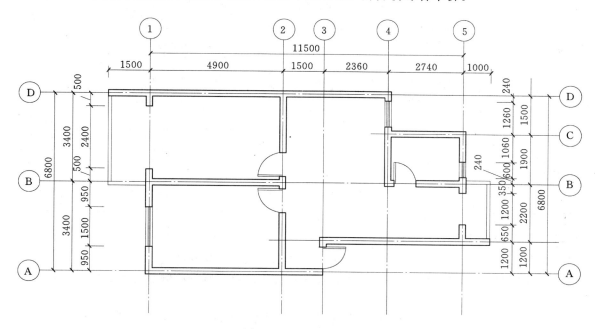

图4－1 居室平面图

解：

分析： 根据工程量清单计价规则计算清单项目工程量分部分项工程量清单是按"分部分项工程量清单项目设置及消耗量定额"表进行编制的拟建工程"实体"工程项目及相应数量的清单。该清单由项目编码、项目名称、计量单位和工程数量组成。编制时应执行"四统一"的规定，不得因情况不同而变动。

1. 抛光地板砖工程量

$(3.4-0.24)×(4.8-0.24)2$间$+(1.5+2.36-0.24)×(6.8-1.2-0.24)+(1.5-0.24)$
$×1.2+(2.74-0.24)×(2.2+1.9-0.24×2)+(1.3-0.06-0.12)$
$×(2.2-0.12)+(1.5+0.12-0.06)×(3.4-0.24)+1.2×0.24×2$(门洞口)
$=62.49（m^2）$

2. 石材踢脚线

按计算规则，其踢脚线按图示尺寸以平方米计算，结果如下：

长度$=[(6.8-1.2-0.24)+(1.5+2.36-0.24)]×2-(2.2-0.24)+1.2+0.24$
$×4+(0.24+0.06×2)+2×(2.74-1.79+0.12)-0.7-0.8×2$
$=17.4（m）$

大理石踢脚线工程量$=17.4×0.15=2.61（m^2）$

3. 木质踢脚线工程量

长$=[(3.4-0.24)+(4.8-0.24)]×4-2.4-0.8×2+0.24×2=27.36（m）$

工程量$=27.36×0.15=4.10（m^2）$

分部分项工程量清单计价表

工程名称：某居室地面　　　　　　专业：装饰工程　　　　　　第　页　共　页

序　号	项目编号	项目名称	计量单位	工程数量	金额（元）	
					综合单价	综合合价
1				1.00		
2				1.00		
3	020102002001	块料楼地面	m²	62.49	207.25	12951.11
4	020105002001	石材踢脚线	m²	2.61	336.10	877.22
5				1.00	9.40	9.40
6	020105006001	木质踢脚线	m	4.10	2.29	9.40
7				1.00		
8				1.00		
合计						13847.13

分析：分部分项工程量计算

（1）识图。在计算工程量之前要分析图纸，了解工程量的计算规则。

（2）工程量计算。分部分项工程量清单是整个工程量清单中所占比例最大的部分。

分部分项综合单价分析表

工程名称：某居室地面　　　　　　专业：装饰工程　　　　　　第　页　共　页

清单编码：						单位：			
综合单价：0.00						工程量：1.00			
序号	子目编码	工程内容	单位	数量	综合单价（元）				
					子目综合单价	人工单价	材料单价	机械单价	管理费单价	利润单价
1				1.00						

清单编码：020102002001						单位：m²			
综合单价：207.25						工程量：62.49			
序号	子目编码	工程内容	单位	数量	综合单价（元）				
					子目综合单价	人工单价	材料单价	机械单价	管理费单价	利润单价
1	1—21	陶瓷地砖楼地面 600mm×600mm	m²	62.49	79.63	6.54	66.89	0.15	2.75	3.14
2	9—1—1	灰土1：9打夯机夯实	m³	12.50	59.90	18.82	22.27	1.83	1.58	1.81
3	9—27—1	混凝土垫层C10	m³	37.48	190.28	28.42	122.87	13.12	7.16	8.18
4	9—30—2	水泥砂浆1：2.5在混凝土或硬基层上厚度20mm	m²	12.50	7.57	1.86	3.81	0.21	0.16	0.18
5	020102002001	块料楼地面	m²	62.49	207.25	27.72	145.80	8.43	727.58	831.52

清单编码：020105002001								单位：m²		
综合单价：336.10								工程量：2.61		
序号	子目编码	工程内容	单位	数量	综合单价（元）					
					子目综合单价	人工单价	材料单价	机械单价	管理费单价	利润单价
1										
2										
3	1—5	大理石踢脚板	m²	2.61	336.10	10.38	315.59	0.03	4.36	4.98
4	020105002001	石材踢脚线	m²	2.61	336.10	10.38	315.59	0.03	11.38	13.00

清单编码：020105006001								单位：m²		
综合单价：2.29								工程量：4.10		
序号	子目编码	工程内容	单位	数量	综合单价（元）					
					子目综合单价	人工单价	材料单价	机械单价	管理费单价	利润单价
1	1—100	踢脚板实木	m	4.10	2.29	0.84	0.70		0.35	0.40
2	020105006001	木质踢脚线	m	4.10	2.29	0.84	0.70		1.44	1.65

清单编码：		单位：
综合单价：0.00		工程量：1.00

分部分项工程量清单综合单价分析表

工程名称：某居室地面　　　　　　专业：装饰工程　　　　　　第　页　共　页

序号	项目编码	项目名称	工程内容	综合单价组成（元）					综合单价（元）
				人工费	材料费	机械费	管理费	利润	
1			合计						
2			合计						
3	020102002001	块料楼地面	陶瓷地砖 楼地面 600mm×600mm	6.54	66.89	0.15	2.75	3.14	207.2
			灰土1：9打夯机夯实	3.76	4.45	0.37	1.58	1.81	
			混凝土垫层C10	17.05	73.70	7.87	7.16	8.18	
			水泥砂浆1：2.5在混凝土或硬基层上厚度20mm	0.37	0.76	0.04	0.16	0.18	
			合计	27.72	145.80	8.43	11.64	13.31	

序号	项目编码	项目名称	工程内容	综合单价组成（元）					综合单价（元）
				人工费	材料费	机械费	管理费	利润	
4	020105002001	石材踢脚线							336.1
			大理石踢脚板	10.38	315.59	0.03	4.36	4.98	
			合计	10.38	315.59	0.03	4.36	4.98	
5			合计	3.44	44.18		1.44	1.65	9.4
6	020105006001	木质踢脚线	踢脚板实木	0.84	0.70		0.35	0.40	2.2
			木踢脚板 120mm		10.08				
			合计	0.84	10.78		0.35	0.40	
7			合计						

（3）填写工程量清单。将前述部分分项工程量计算结果和确定其他项目的清单内容，按工程量清单编制规则的规定，填写有关表格，并检查所有的项目编码、工程数量、计量单位、项目描述等是否有误，用词是否准确，使工程量清单正确无误，清晰易懂。

（4）撰写工程量清单总说明。按照工程量清单编制规则的要求，结合拟建工程的工程计量情况，认真撰写总说明。

（5）装订签章。填写封面、填表须知等内容后，按工程量清单编制规则的要求将所有清单文件安序装订成册，并由有关人员签字盖章。

分析： 确定其他项目的清单量

把计算的工程量填入清单表。根据工程量清单编制规则的要求，结合拟建工程的具体情况，列出措施项目清单中的项目名称，其他项目清单中的属于招标人部分分相应项目及金额，零星工作的名称、计量单位和数量等，分部分项工程量清单编码以 12 位（省补充项目以 11 位）阿拉伯数字表示，前 9 位为全国统一编码，其中 1、2 位为工程分类顺序码（计价规范简称顺序码），3、4 位为专业工程顺序码，5、6 位为分部工程顺序码，7、8、9 位为分项工程项目名称顺序码。编制分项工程工程量清单时，应按"分部分项工程量清单项目设置及消耗量定额"表中的相应编码设置，不得变动。后 3 位（省补充项目后 2 位）是清单项目名称编码，由清单编制人根据清单项目设置的数量自 001（省补充项目）起顺序编制。

2.4　天棚工程的工程量的计算及计算实例

参见模块三课题二的计算实例。

2.5　门窗工程工程量计算规则及计算实例

参见模块三课题二的计算实例。

2.6　招牌及其他零星工程的工程量的计算及计算实例

【例 4-2】　某店面墙面的钢结构箱式招牌，大小 12000mm×2000mm×200mm，五夹板衬板，铝塑板面层，钛金字 1500mm×1500mm 的 6 个，150mm×100mm 的 12 个。试计算招牌清单工程量及材料消耗工程量。

解：

招牌清单工程量＝12×2＝24（m²）

招牌五夹板、铝塑板的工程量＝12×2＋12×0.2×2＋2×0.2×2＝29.6（m²）

1500mm×1500mm 美术字工程量＝6 个

150mm×100mm 美术字工程量＝12 个

【例 4-3】 某房间有附墙矮柜 1600mm×450mm×850mm 3 个，1200mm×400mm×800mm 2 个。试计算清单工程量及材料消耗工程量。

解：

1600mm×450mm×850mm 矮柜清单工程量＝3 个

1200mm×400mm×800mm 矮柜清单工程量＝2 个

1600mm×450mm×850mm 矮柜消耗工程量＝1.6×0.85×3

＝4.08（m²）

1200mm×400mm×800mm 矮柜消耗工程量＝1.2×0.8×2

＝1.92（m²）

2.7 脚手架及垂直运输费工程量的计算及计算实例

脚手架及垂直运输费工程量的计算一定要按各省市的计价表中的计算规则计算。按不同的材料、不同的高度分别计算。超高脚手架材料增加费的计算也要按照规定记取。

复习思考题

1. 某商店墙面的钢结构箱式灯箱，大小 15000mm×1000mm×200mm，五夹板衬板，铝塑板面层，钛金字 1500mm×1500mm 的 6 个，150mm×100mm 的 12 个。试计算招牌清单工程量及材料消耗工程量。

2. 某厨房间有附墙矮柜 1400mm×450mm×750mm 3 个，1000mm×400mm×700mm 2 个。试计算清单工程量及材料消耗工程量。

课题三 工程量清单计价下的费用构成

3.1 工程量清单计价中综合单价的确定

工程量清单计价表中的综合单价包括人工费、材料费、机械使用费、管理费、利润五项内容。以货币形式表示每一分项工程的单位价值标准。它是以地区价格资料为基准综合取定的，是编制装饰工程预算造价的基本依据。

3.1.1 人工费的计算

人工费由完成设计文件规定的全部内容所需要定额工日消耗数量以及零星工作的工日消耗数量乘以人工单价计算而成。

1. 人工单价的概念

人工单价也称工资单价，是指一个建筑安装工人工作一个工作日应得的劳动报酬，所以也叫日工资单价。

2. 人工单价的组成

人工日工资单价由基本工资、工资性津贴、辅助工资、福利费、劳动保护费等组成。

每项的具体计算方法参照有关规定，这里不多赘述。

3. 人工单价的确定

根据"国家宏观调控、市场竞争形成价格"的现行工程造价的定价原则，生产工人日工资单价由市场形成。国家和地方不再定级定价。人工单价的确定一般根据人工工资内容构成，参考工程所在地工资标准，进行综合取定。

3.1.2　材料费的计算

材料费由完成设计文件规定的全部工程内容所需的材料消耗数量乘以材料单价计算而成。

材料单价的计算。

材料的单价是由材料原价、材料运杂费、采购及保管费、检验试验费构成。每项的具体计算方法参照有关规定，这里不多赘述。

3.1.3　机械使用费的计算

施工机械使用费由完成设计文件规定的全部工程内容所需的定额机械台班消耗数量乘以机械台班单价计算而成。

机械台班单价的计算。

机械台班单价的构成是：折旧费、大修理费、经常修理费、机上人工费、燃料动力费、机械安拆和场外运输费、其他费用等组成。

每项的具体计算方法参照有关规定，这里不多赘述。

3.1.4　管理费的组成及计算

管理费是指组织施工生产和经营所需要的费用。包括企业管理费、现场管理费、冬雨季施工增加费、生产工具使用费工程定位复测点交场地清理费、远地施工增加费、非甲方所为 4h 内的临时停水停电费等。

1. 管理费的组成

（1）企业管理费。

（2）现场管理费。

（3）冬雨季施工增加费。

（4）生产工具用具使用费。

（5）工程定位、复测、点交、场地清理费。

（6）远地施工增加费。

（7）非甲方所为 4h 以内的临时停水停电费用。

2. 管理费的计算

以人工费和机械费合计为计算基数。

管理费率（％）＝生产工人年平均管理费／[年有效施工天数×（人工单价＋每一工日机械使用费）]

$$\times 100\%$$

每项费用的具体计算方法参照有关规定。

3.1.5　利润的组成及计算

利润是指施工企业完成所承包工程应收回的酬金。

在工程量清单计价模式下，利润不单独体现，而是被分别计入分部分项工程费、措施项目费和其他项目费当中。具体计算方法以"人工费加机械费"为基数乘以利润率。

利润的计算公式为：　　　　　　利润＝计算基数×利润率（％）

3.2　工程量清单计价下的费用构成及计算

根据（建标［2003］206 号）文件，关于印发《建筑安装工程费用项目组成》的通知的规定，我国现行建筑安装工程费用项目组成如下表所示，建筑装饰工程费用项目包括直接费、间接费、利润和税金。

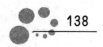

建筑安装工程费用项目组成

建筑安装工程费	直接费	工程直接费	人工费
			材料费
			施工机械使用费
		措施费	环境保护费
			文明施工费
			安全施工费
			临时设施费
			夜间施工费
			二次搬运费
			大型机械设备进出场及安拆费
			混凝土、钢筋混凝土模板及支架费
			脚手架费
			已完工程及设备保护费
			施工排水、降水费
	间接费	规费	安全生产监督费
			劳动保险费
			建筑工程管理费
		企业管理费	管理人员工资
			办公费
			差旅交通费
			固定资产使用费
			工具用具使用费
			劳动保险费
			工会经费
			职工教育费
			财产保险费
			财务费
			税金
			其他
	利润		
	税金		

3.3 建筑装饰装修工程措施费的构成及计算

措施项目费是指分不分项工程以外，为完成该工程项目施工，发生于该工程施工前和施工过程中技术、生活、安全等方面的非工程实体项目所需的费用。

建筑装饰工程措施费用及计算标准如下：

（1）环境保护费：按环保部门得有关规定计算，双方在合同中约定。

（2）安全、文明施工费：建筑装饰工程安装分部分项工程费的百分比计算。该项费用为不可竞争费。

（3）临时设施费：建筑装饰工程安装分部分项工程费的百分比计算。

（4）夜间施工费：根据工程的实际情况，由承发包双方在合同中约定。

（5）二次搬运费：按各省建筑装饰工程计价表中的规定计算。

（6）脚手架费：按各省建筑装饰工程计价表中的规定计算。

（7）已完工程及设备保护费：根据工程的实际情况，由承发包双方在合同中约定。

（8）垂直运输机械费：按各省建筑装饰工程计价表中的规定计算。

（9）室内空气污染测试费：根据工程的实际情况，由承发包双方在合同中约定。

（10）赶工措施费：根据工程的实际情况，由承发包双方在合同中约定。

3.4 规费的组成及计算

（1）规费是指政府和有关部门规定必须缴纳的费用，简称规费。包括：工程定额测定费、安全生产监督费、建筑管理费、劳动保险费等。各省市的内容有所不同。

（2）规费费率的计算公式。

1）以直接工程费为计算基础。

规费费率（%）＝∑规费缴纳标准×每万元发承包价计算基数/每万元发承包价中的人工费含量
×人工费占直接工程费比例（%）

2）以人工费为计算基数。

规费费率（%）＝∑规费缴纳标准×每万元发承包价计算基数/每万元发承包价中的人工费含量×100%

3）以人工费和机械费合计为计算基数。

规费费率（%）＝∑规费缴纳标准×每万元发承包价计算基数/每万元发承包价中的人工费含量和机械费含量×100%

规费费率一般按当地政府有关部门指定的费率标准执行。

（3）规费计算。

计算公式如下

$$规费＝计算基数×规费费率（%）$$

3.5 税金的组成与计算

税金是指国家税法规定的应计入建筑安装工程造价内的营业税、城市维护建设税及教育费附加。

计算公式

$$税金＝（税前造价＋利润）×税率（%）$$

税率按现行税法规定

缴税地点在市区、县城（镇）、其他地方的税率不一样。计算时注意。

 复习思考题

1. 何为措施费？如何计算？

2. 何为规费？规费通常包括哪几项？如何计算？

3. 何为税金？税金包括哪几项？如何计算？

模块五　建筑装饰装修工程预算案例分析

实　例　一

1.1　工程概况

（1）办公楼 5 楼电梯井前室楼面相对标高 15.2m，吊顶天棚结构面相对标高 18.6m。

（2）该室内装饰的吊顶采用轻钢龙骨基层（不上人型）纸面石膏板面层，吊筋直径为 8mm，龙骨的间距为 400mm×400mm。

（3）吊顶的面为纸面石膏板面刷清油一遍、满批腻子两遍，刷立邦乳胶漆三遍。板底用自粘胶带粘贴。

（4）本装饰工程所有木材面均采用亚光聚酯清漆磨退出亮。门套均为在石材面上用云石胶粘贴 150mm×30mm 成品花岗岩线条。

（5）说明：M₁ 为电梯门，洞口尺寸为 900mm×2000mm（电梯门扇不包括在本预算内）。M₂ 为双扇不锈钢无框地弹门（12mm 厚钢化玻璃），其洞口尺寸为 500mm×2000mm，每樘门均有地弹簧 2 只、不锈钢管拉手 2 只。M₃ 为红榉木板门，（一层木工板＋双面九厘板＋双面红榉板）其洞口尺寸为 1000mm×2000mm。每扇门均有球形锁 1 把，铰链 1 副，门吸 1 只。

（6）土建中的墙体厚度均为 240mm。

（7）室内踢脚线均为 150mm 高蒙古黑花岗岩（含门洞侧面）。

（8）本装饰工程的工程量均算至墙外侧。

（9）楼面酸洗打蜡。

（10）楼面、墙面花岗岩面层及不锈钢板均需进行成品保护。

1.2　编制依据

（1）《建设工程工程量清单计价规范》（2003）。

（2）《江苏省建筑与装饰工程计价表》（2003）。

（3）该办公楼 5 楼电梯井前室图纸一套。

1.3　编制要求

本装饰工程为单独招投标、签订合同的工程，承包商企业资质等级为一级，其人工合同单价为 40 元/工日，材料价格按业主考查认可的价格。

1.4　施工图

如图 5-1～图 5-8 所示。

1.5　按照《建设工程工程量清单计价规范》（2003）计算工程量

1. 轻钢龙骨石膏板吊顶

$$(8.5-0.24)×(3.5-0.24)=26.96 \ (m^2)$$

2. 汉白玉墙面

A：$(8.5-0.24)×(2.8-0.15)-1×(2-0.15)×3=16.35 \ (m^2)$

B：$(8.5-0.24)×(2.8-0.15)-0.9×(2-0.15)×2=18.56 \ (m^2)$

C：$[(3.5-0.24)×(2.8-0.15)-1.5×(2-0.15)]×2=11.73 \ (m^2)$

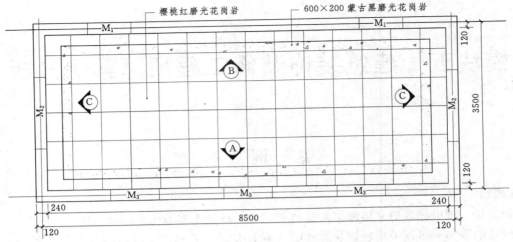

图 5-1 楼面拼花布置图（单位：mm）

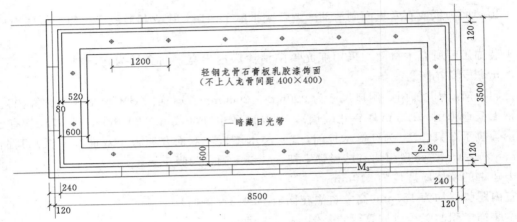

图 5-2 天花布置图（单位：mm）

图 5-3 A立面图

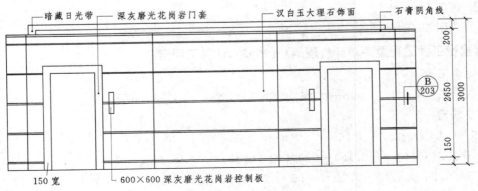

图 5-4 B立面图

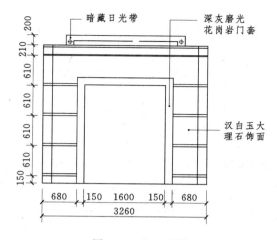

图 5-5 B立面图

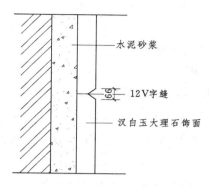

图 5-6 B剖面图（203）

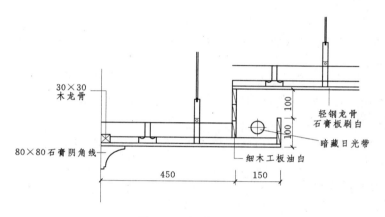

图 5-7 灯带大样图

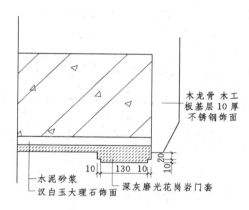

图 5-8 A剖面图（203）

3. 门套线

A：$[(1-0.15)+(2+0.15/2)\times2]\times2=15.9$（m）

B：$[(0.9+0.15)+(2+0.15/2)\times2]\times2=10.4$（m）

C：$[(1.5+0.15)+(2+0.15/2)\times2]\times2=11.6$（m）

4. 不锈钢板包门侧面

A：$0.24\times[1+(2-0.15)\times2]\times3=3.38$（m²）

B：$0.24\times[0.9+(2-0.15)\times2]\times2=2.21$（m²）

C：$0.24\times[1.5+(2-0.15/2)\times2]\times2=2.6$（m²）

5. 地面铺花岗岩

$(8.5-0.24)\times(3.5-0.24)=26.93$（m²）

6. 蒙古黑花岗岩踢脚线

$\{[(8.5-0.24)+(3.5-0.24)]\times2-(2\times0.9+2\times1.5+3\times1)+0.24\times14\}\times0.15=2.79$（m²）

7. 无框门2樘

8. 红榉木板门3樘

1.6 按《江苏省建筑与装饰工程计价表》（2003）计算工程量

1. 楼面工程

（1）600mm×200mm蒙古黑磨光花岗岩走边线。

$$0.2\times(12\times0.6+4\times0.6)\times2+0.2\times0.2\times4=4$$（m²）

（2）600mm×600mm樱桃红花岗岩。

$(8.5-0.24)×(3.5-0.24)-4+0.24×(2×0.9+2×1.5+3×1)$（门洞处）$=24.8$（m^2）

（3）150高蒙古黑踢脚线。

$(8.5-0.24+3.5-0.24)×2-(2×0.9+2×1.5+3×1)$（门洞）$+0.24×14$（门洞侧面）$=18.6$（m）

2．墙面工程

A立面：

（1）鸡嘴线（磨边）。

$$[(8.5-0.24)×5-(1+0.15×2)×4（条）×3（个门）]×2（道）=51.4（m）$$

（2）墙面600mm×600mm汉白玉大理石。

$$(8.5-0.24)×(2.8-0.15)-1×(2-0.15)×3（个门）=16.54（m^2）$$

（3）深灰磨光花岗岩门套线条。

$$[(1+0.15)+(2+0.15/2)×2]×3（个门）=15.9（m）$$

（4）不锈钢板包门侧面。

$$0.24×[1+(2-0.15)×2]×3（个门）=3.38（m^2）$$

B立面：

（1）鸡嘴线（磨边）。

$$[(8.5-0.24)×5（条）-(0.9+0.15×2)×4（条）×2（个门）-0.2×2]×2（道）=62.6（m）$$

（2）墙面600mm×600mm汉白玉大理石。

$$(8.5-0.24)×(2.8-0.15)-0.9×(2-0.15)×2（个门）-0.2×0.6×2（块）=18.32（m^2）$$

（3）深灰磨光花岗岩门套线条。

$$[(0.9+0.15)+(2+0.15/2)×2]×2（个门）=10.4（m）$$

（4）不锈钢板包门侧面。

$$0.24×[0.9+(2-0.15)×2]×2（个门）=2.21（m^2）$$

（5）深灰磨光花岗岩控制板。

$$0.2×0.6×2（块）=0.24（m^2）$$

C立面：（2个）

（1）鸡嘴线（磨边）。

$$[(3.5-0.24)×5-(1.5+0.15×2)×4（条）]×2（面墙）×2（道）=36.4（m）$$

（2）墙面600mm×600mm汉白玉大理石。

$$[(3.5-0.24)×(2.8+0.15)-1.5×(2-0.15)]×2（面墙）=11.73（m^2）$$

（3）深灰磨光花岗岩门套线条。

$$[(1.5+0.15)+(2+0.15/2)×2]×2（面墙）=11.6（m）$$

（4）不锈钢板包门侧面。

$$0.24×[1.5+(2-0.15)×2]×2（面墙）=2.5（m^2）$$

3．天棚

（1）吊筋（净高3.0m处）。

$$(8.5-0.24-0.45×2)×(3.5-0.24-0.45×2)=17.37（m^2）$$

（2）吊筋（净高2.8m处）。

$$(8.5-0.24)×(3.5-0.24)-17.37=9.56（m^2）$$

（3）天棚龙骨。

$$(8.5-0.24)×(3.5-0.24)=26.93（m^2）$$

因为 $9.56/26.93 \times 100\% = 35\%$（大于 15%），且高差大于 100mm，所以应为复杂型龙骨。

（4）纸面石膏板面层（凸凹型）。

重叠部分

$$26.93 - 9.56 - (8.26 - 1.2) \times (3.26 - 1.2) = 2.83 \ （m^2）$$

或者：$0.15 \times [(8.26 - 1.2) + (3.26 - 1.2)] \times 2 + 0.15 \times 0.15 \times 4 = 2.83 \ （m^2）$

面积合计：
$$26.93 + 2.83 = 29.76 \ （m^2）$$

（5）回光灯槽（总高度 300mm）。

$$[(8.26 - 0.6 \times 2 + 0.15) + (3.26 - 0.6 \times 2 + 0.15)] \times 2 = 18.84 \ （m）$$

（6）石膏阴角线条。

$$(8.26 + 3.26) \times 2 = 23.04 \ （m）$$

4. 工程量汇总

600mm×600mm 樱桃红花岗岩	24.8m²
600mm×200mm 蒙古黑磨光花岗岩走边线	4m²
150mm 高蒙古黑踢脚线	18.6m
楼面酸洗打蜡	28.8m²
墙面汉白玉大理石	46.4m²
深灰磨光花岗岩控制板	0.24m²
说明：增加脚手架摊销费	0.6×46.4/10=2.78（元）
吊筋	26.93m²
复杂型龙骨	26.93m²
凸凹纸面石膏板	29.76m²
无框玻璃门	6m²
不锈钢板包门侧面	8.1m²
榉木板门	6m²
地弹簧	4 只
球形锁	3 把
门铰链	3 副
门吸	3 只
门管子拉手	4 副
榉木门油漆	6m²
天棚及灯槽侧板批腻子	35.4m²
天棚及灯槽侧板清油封底	35.4m²
板缝自粘胶带	36.6m
天棚及灯槽侧板刷乳胶漆	35.4m²
石膏线条	23.04m
深灰磨光花岗岩门套线条	37.9m
筒灯孔	16 个
回光灯槽（300 高）	18.84m²
鸡嘴线	150.4m
楼面成品保护	28.8m²
墙面成品保护	49.43m²
不锈钢面成品保护	8.1m²

某办公楼 5 楼电梯井前室装饰　工程

工 程 量 清 单

招　标　人：_____（单位签字盖章）

法定代表人：_____（签字盖章）

中 介 机 构：_____（盖章）

造价工程师

及注册证号：_____（签字盖执业专用章）

编 制 时 间：__2010 年 8 月 10 日__

填 表 要 求

总 说 明

工程名称：某办公楼 5 楼电梯井前室装饰工程

第 页 共 页

1. 工程概况：

本工程为某一办公楼 5 楼电梯井前室室内装饰工程，该工程的楼面相对标高为 15.2m，天棚面相对标高为 18.6m，计划工期为 25 天，土建主体已完工。

2. 该工程为全包工程（包工包料）。

3. 工程量清单以《建设工程工程量清单计价规范》（2003）及《江苏省建筑与装饰工程计价表》（2003）为依据。

4. 工程质量为合格。

5. 招标人自行采购的材料如下：

（1）蒙古黑花岗岩：规格 600mm×600mm 价格 160 元/m²。

（2）樱桃红花岗岩：规格 600mm×600mm 价格 240 元/m²。

（3）汉白玉大理石：规格 600mm×600mm 价格 200 元/m²。

分部分项工程量清单

工程名称：某办公楼5楼电梯井前室装饰工程

序号	项目编码	项目名称	项 目 特 征	计量单位	工程数量
1	020302001001	天棚吊顶	不上人400mm×400mm轻钢龙骨基层，纸面石膏板面层，复杂型吊顶，石膏线；清漆封底、三遍腻子，两遍乳胶漆	m²	26.93
2	020204001001	石材墙面	1∶2.5水泥砂浆，挂贴汉白玉大理石	m²	46.64
3	020604003001	石材装饰线	150mm×25mm门套线	m	37.90
4	020407002001	不锈钢板门窗套	木龙骨；细木工板；不锈钢板	m²	8.09
5	020102001001	石材楼地面	20mm厚1∶3水泥砂浆找平；1∶2.5水泥砂浆贴樱桃红花岗岩	m²	26.93
6	020105002001	石材踢脚线	150mm，蒙古黑花岗岩	m²	2.79
7	020404006001	全玻自由门（无扇框）	1500mm×2000mm无框玻璃门；12mm厚钢化玻璃、地弹簧、不锈钢拉手	樘	2.00
8	020401005001	夹板装饰门	1000mm×2000mm红榉板木门；一层细木工板，一层九厘板，亚光聚酯漆，铰链一副拉手一把，门吸一个	樘	3.00
9					
10					

措 施 项 目 清 单

工程名称：某办公楼5楼电梯井前室装饰工程

序　　号	项 目 名 称
1	检验试验费（工程量清单计价×0.4％）
2	脚手架费
3	垂直运输机械

其 他 项 目 清 单

工程名称：某办公楼5楼电梯井前室装饰工程

序　　号	项 目 名 称
1	招标人部分
	预留金
2	投标人部分
	零星工作项目费

工程量清单报价表

投　标　人：＿＿＿＿＿＿＿＿＿＿＿＿＿＿＿＿＿　（单位签字盖章）

法定代表人：＿＿＿＿＿＿＿＿＿＿＿＿＿＿＿＿＿　（签字盖章）

造价工程师（造价编审人员）

及注册证号：＿＿＿＿＿＿＿＿＿＿＿＿＿＿＿＿＿　（签字盖执业专用章）

编制时间：＿＿＿2010 年 10 月 10 日＿＿＿＿

投　标　总　价

建设单位：＿＿＿＿＿＿＿＿＿＿＿＿＿＿＿＿＿＿＿

工程名称：　**某办公楼 5 楼电梯井前室装饰工程**

投标总价（小写）：　60269.80 元

（大写）：　陆万零贰佰陆拾玖元捌角整

单 位 工 程 费 汇 总 表

工程名称：某办公楼 5 楼电梯井前室装饰工程

序号	项 目 名 称	计 算 公 式	金额（元）
1	分部分项工程量清单计价合计	按工程量清单计价表计价	33897.81
2	措施项目清单计价合计	措施项目计价	2990.74
3	其他项目清单计价合计	其他项目计价	20000.00
4	规费	（1）＋（2）	1399.46
	（1）安全生产监督费	{（1）＋（2）＋（3）}×0.06％	34.13
	（2）劳动保险费	{（1）＋（2）＋（3）}×2.4％	1365.33
5	独立费		
6	税金	{（1）＋（2）＋（3）＋（4）}×3.40％	1981.79
7	工程总造价	（1）＋（2）＋（3）＋（4）＋（5）＋（6）	60269.80

分部分项工程量清单计价表

工程名称：某办公楼5楼电梯井前室装饰工程

序号	项目编码	项目名称	项 目 特 征	计量单位	工程数量	金 额（元）综合单价	金 额（元）合价
1	020302001001	天棚吊顶	不上人400mm×400mm轻钢龙骨基层，纸面石膏板面层，复杂型吊顶，石膏线；清漆封底、三遍腻子，两遍乳胶漆	m²	26.93	138.19	3721.46
2	020204001001	石材墙面	1：2.5水泥砂浆，挂贴汉白玉大理石	m²	46.64	306.54	14297.03
3	020604003001	石材装饰线	150mm×25mm门套线	m	37.90	47.15	1786.99
4	020407002001	不锈钢板门窗套	木龙骨；细木工板；不锈钢板	m²	8.09	296.83	2401.35
5	020102001001	石材楼地面	20厚1：3水泥砂浆找平；1：2.5水泥砂浆贴樱桃红花岗岩	m²	26.93	195.89	5275.32
6	020105002001	石材踢脚线	150mm，蒙古黑花岗岩	m²	2.79	192.36	536.68
7	020404006001	全玻自由门（无扇框）	1500mm×2000mm无框玻璃门；12mm厚钢化玻璃、地弹簧、不锈钢拉手	樘	2.00	2072.18	4144.36
8	020401005001	夹板装饰门	1000mm×2000mm红榉板木门；一层细木工板，一层九厘板，亚光聚酯漆，铰链一副拉手一把，门吸一个	樘	3.00	578.16	1734.48
9		合计					33897.67

措施项目清单计价表

工程名称：某办公楼 5 楼电梯井前室装饰工程

序号	项 目 名 称	金 额（元）
1	检验试验费	135.59
2	脚手架	41.47
3	垂直运输费	2813.68
	合 计	2990.74

其他项目清单计价

工程名称：某办公楼 5 楼电梯井前室装饰工程

序号	项 目 名 称	金 额（元）
1	招标人部分	
	预留金	15000.00
	小计	15000.00
2	投标人部分	
	零星工作项目费	5000.00
	小计	5000.00
	合计	20000.00

分部分项工程量清单综合单价分析表

工程名称：某办公楼 5 楼电梯井前室装饰工程

序号	项目编码	定额编号	子目名称	单位	数量	综合单价组成（元）					综合单价（元）
						人工费	材料费	机械费	管理费	利润	
1	02030200 1001		不上人 400mm×400mm 轻钢龙骨基层，纸面石膏板面层，复杂型吊顶，石膏线，清漆封底，批三遍腻子，两遍乳胶漆	m²	26.93	27.92	86.99	5.11	13.19	4.96	138.17
		14—42	吊筋规格（mm）H=750mm，φ8	10m²	1.74		2.61	0.68	0.27	0.10	
		14—42	吊筋规格（mm）H=750mm，φ8	10m²	9.56		14.08	3.72	1.49	0.56	
		14—8	复杂装配式 U 形（不上人型）轻钢龙骨，面层规格 400mm×400mm	10m²	2.69	9.12	33.45	0.34	3.78	1.42	
		14—55	纸面石膏板天棚面层安装在 U 形轻钢龙骨上凸凹	10m²	2.98	6.59	15.08		2.63	0.99	
		16—303	夹板面满批腻子两遍	10m²	3.54	3.15	2.00		1.26	0.47	
		16—304	夹板面满批腻子每增减一遍	10m²	3.54	1.58	0.68		0.63	0.24	
		16—305	清油封底	10m²	3.54	1.16	1.54		0.46	0.17	
		16—306	天棚墙面板缝贴自粘胶带	10m	3.66	1.09	1.40		0.43	0.16	
		17—76	筒灯孔	10个	1.60	0.45	0.34		0.18	0.07	
		17—78	回光灯槽	10m	1.88	2.94	10.09	0.37	1.32	0.50	
		16—311	夹板面乳胶漆两遍	10m²	3.54	1.84	5.72		0.74	0.28	
2	02020400 1001		石材墙面：1：2.5 水泥砂浆，挂贴汉白玉大理石	m²	46.64	54.84	213.92	4.91	23.91	8.96	306.54
		13—73	砖墙面挂贴汉白玉大理石，灌缝砂浆 50mm 厚	10m²	4.64	28.99	204.45	1.37	12.15	4.55	
		13—89	砖墙面挂贴深灰磨光花岗岩，灌缝砂浆 50mm 厚	10m²	0.02	0.15	0.58	0.01	0.06	0.02	
		17—39	石材磨边加工 45°斜边	10m	15.04	24.51	5.16	3.46	11.19	4.20	
		17—34	石膏装饰线	100m	0.23	0.72	3.29	0.07	0.32	0.12	
		17—93	成品保护部位 大理石 花岗岩 木墙面	10m²	4.94	0.47	0.44		0.19	0.07	
3	02060400 3001		石材装饰线：150mm×25mm 门套线	m	37.90	1.35	44.8	0.17	0.61	0.23	47.16
		17—35	深灰磨光门套线 100mm×25mm×25mm 安装	100m	0.38	1.35	44.8	0.17	0.61	0.23	

序号	项目编码	定额编号	子目名称	单位	数量	综合单价组成（元）					综合单价（元）
						人工费	材料费	机械费	管理费	利润	
4	020407002001		不锈钢板门窗套、木龙骨、细木工板、不锈钢板	m²	8.09	30.36	246.94	1.82	12.87	4.83	296.82
		15—88	不锈钢板包门侧面	10m²	0.81	29.88	242.81	1.82	12.68	4.76	
		17—94	成品保护部位 不锈钢饰面	10m²	0.81	0.48	4.13		0.19	0.07	
5	020102001001		石材楼地面，20厚1：3水泥砂浆找平，1：2.5水泥砂浆贴樱桃红花岗岩	m²	26.93	20.31	163.57	0.53	8.34	3.13	195.88
		12—57	樱桃红花岗岩水泥砂浆地面	10m²	2.48	15.54	138.00	0.46	6.40	2.40	
		12—57	蒙古黑花岗岩水泥砂浆楼走边	10m²	0.40	2.51	23.77	0.07	1.03	0.39	
		17—89	保护工程部位 花岗岩 大理石 木板面地面	10m²	2.88	0.21	1.34	0.03	0.09	0.03	
		12—121	楼地面块料面层酸洗打蜡	10m²	2.88	2.05	0.46		0.82	0.31	
6	020105002001		石材踢脚线150mm，蒙古黑花岗岩	m²	2.79	20.27	160.27	0.43	8.28	3.10	192.35
		12—60	蒙古黑花岗岩水泥砂浆踢脚线	10m	1.86	20.27	160.27	0.43	8.28	3.10	
7	020404006001		全玻自由门（无扇框）1500mm×2000mm 无框玻璃门；12mm厚钢化玻璃、地弹簧、不锈钢拉手	樘	2.00	195.24	1762.49	4.56	79.92	29.97	2072.18
		15—85	钢化玻璃门安装	10m²	0.60	156.84	596.69	2.16	63.60	23.85	
		15—343	轻型地弹簧安装	只	4.00	26.40	717.40	0.40	10.72	4.02	
		15—353	全金属管子拉手安装	副	4.00	12.00	448.40	2.00	5.60	2.10	
8	020401005001		夹板装饰门，红榉板木门，1000mm×2000mm，一层次细木工板、两层九厘板，油亚光聚酯漆，铰链一副，拉手一把，门吸一只	樘	3.00	144.16	349.57	3.31	58.95	22.12	578.14
		15—326	细木工板上贴双面普通切片板	10m²	0.60	106.40	227.94	3.31	43.88	16.46	
		15—346	球形执手锁安装	把	3.00	7.60	32.48		3.04	1.14	
		15—348	铰链安装	副	3.00	4.40	14.54		1.76	0.66	
		15—349	门吸或门阻安装	只	3.00	3.20	3.33		1.28	0.48	
		16—165	木门批腻子聚酯封闭漆透明底漆两遍，亚光聚酯漆三遍	10m²	0.60	25.56	71.28		9.02	3.38	

措施项目费分析表

工程名称：某办公楼 5 楼电梯井室前室装饰工程

序号	措施项目名称	定额编号	子目名称	单位	数量	综合单价组成（元）					小计
						人工费	材料费	机械费	管理费	利润	
1	检验试验费		（工程量清单计价×0.4%）	项	1.00						135.59
2	脚手架			项	1.00						41.47
		19—10	抹灰脚手架 3.60m 内	10m²	7.83	2.51	31.52	1818.89	728.58	273.67	2990.74
3	垂直运输机械	19—30	建筑物檐高在 20～30m 内	元/m²	2.98	2.51	8.23	3.92	2.59	0.94	
		22—30	卷扬机垂直运输高度 20～30m（7～10层）	10工日	96.03		23.29	1814.97	725.99	272.73	

157

分部分项工程费分析表

工程名称：某办公楼5楼电梯井前室装饰工程

序号	定额编号	定额名称	单位	数量	人工费	材料费	机械费	管理费	利润	综合单价（元）
1	020302001001	天棚吊顶：不上人400mm×400mm轻钢龙骨基层，纸面石膏板面层，复杂型吊顶，石膏线；清漆封底，批三遍腻子，两遍孔胶漆	m²	26.93						138.18
2	14-42	吊筋规格（mm）H=750mm，φ8	10m²	1.74		40.41	10.48	4.19	1.57	56.65
3	14-42	吊筋规格（mm）H=750mm，φ8	10m²	9.56		39.67	10.48	4.19	1.57	55.91
4	14-8	复杂装配式U形（不上人型）轻钢龙骨 面层规格400mm×400mm	10m²	2.69	91.20	334.52	3.40	37.84	14.19	481.15
5	14-55	纸面石膏板天棚面层安装在U形轻钢龙骨上凸凹	10m²	2.98	59.60	136.48		23.84	8.94	228.86
6	16-303	夹板面满批腻子两遍	10m²	3.54	24.00	15.25		9.60	3.60	52.45
7	16-304	夹板面满批腻子每增减一遍	10m²	3.54	12.00	5.20		4.80	1.80	23.80
8	16-305	清油封底	10m²	3.54	8.80	11.70		3.52	1.32	25.34
9	16-306	天棚墙面板缝贴自粘胶带	10m	3.66	8.00	10.28		3.20	1.20	22.68
10	17-76	筒灯孔	10个	1.60	7.60	5.80		3.04	1.14	17.58
11	17-78	回光灯槽	10m	1.88	42.00	144.25	5.33	18.93	7.10	217.61
12	16-311	夹板面乳胶漆两遍	10m²	3.54	14.00	43.52		5.60	2.10	65.22
13	020204001001	石材墙面 1:2.5水泥砂浆，挂贴汉白玉大理石	m²	46.64	291.43	2055.04	13.80	122.09	45.78	2528.14
14	13-73	砖墙面挂贴汉白玉大理石，灌缝砂浆50mm厚	10m²	4.64	296.63	1125.74	13.80	124.17	46.56	1606.90
15	13-89	砖墙面挂贴深灰磨光花岗岩，灌缝砂浆50mm厚	10m²	0.02	76.00	16.00	10.74	34.70	13.01	150.45
16	17-39	石材磨边加工45°斜边	10m	15.04	146.40	666.81	15.00	64.56	24.21	916.98
17	17-34	石膏装饰线	100m	0.23						

序号	定额编号	定额名称	单位	数量	综合单价组成（元）					综合单价（元）
					人工费	材料费	机械费	管理费	利润	
18	17—93	成品保护部位 大理石 木墙面	10m²	4.94	4.40	4.11		1.76	0.66	10.93
19	02060400300	石材装饰线：150mm×25mm 门套线	m	37.90						47.15
20	17—35	深水磨光门套线 100mm×25mm 安装	100m	0.38	135.20	4479.66	16.85	60.82	22.81	4715.34
21	02040700200	不锈钢板门窗套、木龙骨、细木工板、不锈钢板	m²	8.09						296.83
22	15—88	不锈钢板包门侧面	10m²	0.81	298.44	2425.15	18.21	126.66	47.50	2915.96
23	17—94	成品保护部位 不锈钢饰面	10m²	0.81	4.80	41.25		1.92	0.72	48.69
24	02010200100	石材楼地面，20厚1：3水泥砂浆找平，1：2.5水泥砂浆贴樱桃红花岗岩	m²	26.93						195.88
25	12—57	樱桃红花岗岩水泥砂浆地面	10m²	2.48	168.80	1498.52	4.96	69.50	26.06	1767.84
26	12—57	蒙古黑花岗岩水泥砂浆楼走边	10m²	0.40	168.80	1600.52	4.96	69.50	26.06	1869.84
27	17—89	保护工程部位 花岗岩 大理石 木板面地面	10m²	2.88	2.00	12.50		0.80	0.30	15.60
28	12—121	楼地面块料面层酸洗打蜡	10m²	2.88	19.20	4.32		7.68	2.88	34.08
29	02010500200	石材踢脚线150mm，蒙古黑花岗岩	m²	2.79						192.36
30	12—60	蒙古黑花岗岩水泥砂浆踢脚线	10m	1.86	30.40	240.41	0.65	12.42	4.66	288.54
31	02040400600	全玻自由门（无扇框）1500mm×2000mm 无框玻璃门；12mm厚钢化玻璃、地弹簧、不锈钢拉手	樘	2.00						2072.17
32	15—85	钢化玻璃开启门	10m²	0.60	522.80	1988.96	7.20	212.00	79.50	2810.46
33	15—343	轻型地弹簧安装	只	4.00	13.20	358.70	0.20	5.36	2.01	379.47
34	15—353	全金属管子拉手安装	副	4.00	6.00	224.20	1.00	2.80	1.05	235.05
35	02040100500	夹板装饰门，红榉板木门，1000mm×2000mm，一层次细木工板，两层九厘板，油亚光聚酯漆，铰链一副，拉手一把，门吸一只	樘	3.00						578.16

序号	定额编号	定额名称	单位	数量	综合单价组成（元）					综合单价（元）
					人工费	材料费	机械费	管理费	利润	
36	15—326	细木工板上贴双面普通切片板	10m²	0.60	532.00	1139.70	16.57	219.43	82.29	1989.99
37	15—346	球形执手锁安装	把	3.00	7.60	32.48		3.04	1.14	44.26
38	15—348	铰链安装	副	3.00	4.40	14.54		1.76	0.66	21.36
39	15—349	门吸或门阻安装	只	3.00	3.20	3.33		1.28	0.48	8.29
40	16—165	木门批腻子聚酯封闭漆透明底漆各两遍，亚光聚酯漆三遍	10m²	0.60	112.80	356.43		45.12	16.92	531.27
41										
42										
43										
44										
45										
46										
47										
48										

主要材料价格表

序 号	材料编码	材 料 名 称	单 位	数 量	单 价（元）
1	101022	中砂	t	5.42	38.00
2	104001	汉白玉大理石	m²	47.33	180.00
3	104017	樱桃红花岗岩	m²	25.30	140.00
4	104017	蒙古黑花岗岩	m²	6.93	150.00
5	104017	深灰磨光花岗岩	m²	0.25	88.00
6	105002	滑石粉	kg	0.03	0.45
7	106027	深灰磨光门套线 100mm×25mm	m	39.80	42.00
8	206027	钢化玻璃厚度12mm	m²	6.18	120.00
9	208021	砂轮片	片	60.16	4.00
10	301002	白水泥	kg	10.62	0.58
11	301023	水泥32.5级	kg	1761.94	0.28
12	401029	普通成材	m³	0.176	1200.00
13	401035	周转木材	m³	0.003	1200.00
14	403018	细木工板单面砂皮厚度18mm	m²	29.799	20.00
15	403022	普通切片三夹板	m²	13.20	18.00
16	405074	硬木封门边条	m	17.49	3.71
17	407007	锯（木）屑	m³	0.19	10.45
18	501006	边龙骨横撑	m	5.871	2.79
19	501081	角钢	kg	18.075	3.00
20	501114	型钢	t	0.021	3600.00
21	501121	中龙骨横撑	m	70.557	2.79
22	502018	钢筋（综合）	t	0.051	3600.00
23	503009	8K不锈钢镜面板厚度1.0mm	m²	8.918	155.00
24	503057	镀锌薄钢板	m²	3.561	21.00
25	502105	圆钢	kg	37.838	3.60
26	507015	大龙骨垂直吊件（轻钢）	只	53.86	0.40
27	507020	主接件	只	26.93	0.56
28	507021	次接件	只	48.474	0.69
29	507027	大龙骨（轻钢）	m	50.278	3.20
30	507075	小龙骨（轻钢）	m	9.883	1.90
31	507077	中龙骨（轻钢）	m	87.307	2.20
32	507078	中龙骨（轻钢）	m	3.20	2.30
33	507152	中龙骨平面连接件	只	331.239	0.45
34	508143	螺杆 L=250mm，φ8	根	149.798	0.41
35	509006	电焊条	kg	1.337	3.60
36	510025	不锈钢管子拉手	副	4.04	220.00
37	510039	不锈钢合页	副	3.03	13.76
38	510105	地弹簧365	只	4.04	350.00
39	510151	小龙骨垂直吊件	只	35.009	0.32
40	510152	中龙骨垂直吊件	只	129.264	0.38
41	510165	合金钢切割锯片	片	1.395	61.75
42	510226	铝合金球形锁	把	3.03	31.37

序号	材料编码	材 料 名 称	单 位	数 量	单 价
43	510237	门夹（下夹、顶夹）	m	5.574	65.00
44	510249	小接件	只	3.851	0.28
45	510330	铜丝	kg	3.638	22.80
46	511076	带帽螺栓	kg	0.001	4.75
47	511475	膨胀螺栓 M8×80mm	套	59.94	0.95
48	511481	膨胀螺栓 M10×100mm	套	157.798	1.00
49	511533	铁钉	kg	2.792	3.60
50	511551	铜木螺丝 3.5mm×25mm	个	36.00	0.08
51	511580	自攻螺丝（钉）	百只	12.471	3.80
52	511583	双螺母双垫片 ϕ8	副	149.798	0.26
53	513051	镀锌铁脚	个	29.97	1.52
54	513109	工具式金属脚手	kg	1.308	3.40
55	601036	防锈漆（铁红）	kg	0.081	6.00
56	601074	聚酯封闭底漆	kg	1.908	22.00
57	601076	聚酯透明底漆	kg	3.18	22.00
58	601105	全亚聚酯清漆	kg	3.18	30.00
59	601106	乳胶漆（内墙）	kg	9.912	15.00
60	601125	清油	kg	5.286	10.64
61	603026	煤油	kg	3.018	4.00
62	603038	松节油	kg	0.154	3.80
63	603045	油漆溶剂油	kg	0.009	3.33
64	605155	塑料薄膜	m²	18.783	0.86
65	605249	塑料门吸	只	3.03	2.98
66	606148	橡胶垫条	m	5.736	0.45
67	607023	石膏装饰线 100mm×30mm	m	25.344	6.00
68	607072	纸面石膏板	m²	34.224	10.50
69	608097	麻袋	条	7.20	5.00
70	607110	棉纱头	kg	1.07	6.00
71	608149	水砂纸	张	8.202	0.50
72	609032	大白粉	kg	38.763	0.48
73	610028	玻璃胶 300mL	支	9.129	13.87
74	610052	胶带纸	m²	29.658	0.14
75	610076	密封油膏	kg	0.256	1.43
76	610103	自粘胶带	m	37.332	0.88
77	613003	801 胶	kg	0.078	2.00
78	613019	保护贴膜	m²	8.91	3.75
79	613028	草酸	kg	0.754	4.75
80	613104	聚醋酸乙烯乳液	kg	8.105	5.23
81	613206	水	m³	2.531	2.80
82	613219	羧甲基纤维素	kg	1.133	4.56
83	613225	万能胶	kg	10.377	14.92
84	613249	氧气	m³	0.735	2.47
85	613253	乙炔气	m³	0.32	8.93
86	613256	硬白蜡	kg	2.579	3.33
87	613260	云石胶	kg	0.334	75.60
88	901167	其他材料	元	215.616	1.00
合计				4071.861	

实 例 二

2.1 根据提供的办公室施工图纸，完成该项目的施工图预算报价

（1）计算工程量（包括清单工程量和计价表工程量），填写到计算表格。

（2）编写工程量清单（分部分项工程量清单），按照表格内容填写。

（3）计算工程量清单报价。

2.2 说明

（1）安全生产监督费 0.6%，劳动保险费 2.4%。

（2）措施项目只计算脚手架费，脚手架费为 200.11 元。

（3）主要材料价格见表 5-1，其余价格按照计价表。

表 5-1 　　　　　　　　　　　　主 要 材 料 价 格 表

序 号	材 料 名 称	规 格	单 位	单 价（元）
1	红橡木三夹板	1.22m×2.44m	张	60
2	不锈钢板	1.0mm 厚	m²	180
3	细木工板	1220mm×2440mm×20mm	张	110
4	15mm 木夹板	1220mm×2440mm×15mm	张	70
5	12mm 木夹板	1220mm×2440mm×12mm	张	60
6	聚酯漆		kg	25
7	成品木线		m³	8000
8	地砖	600mm×600mm	块	40

（4）报价内容包括下列部分：

1）办公室室内装饰部分。

2）轻钢龙骨双面纸面石膏板隔墙（走道一面的面层装饰不考虑）。

3）门套和门，门套包括室外一面。

4）不包括铝合金窗。

5）不包括窗帘。

（5）做法。按照说明和图纸，没有说明的按照常规做法。

2.3 图纸

如图 5-9～图 5-15 所示。

2.4 表格

（1）单位工程费汇总表。

（2）分部分项工程量计价表。

（3）工程量计算及综合单价计算表。

<table>
<tr><th colspan="5">图 纸 目 录</th></tr>
<tr><th>序号</th><th>图号</th><th>图名</th><th>图幅</th><th>备注</th></tr>
<tr><td>1</td><td>ZS—MS</td><td>图纸目录 设计说明</td><td>A4</td><td></td></tr>
<tr><td>2</td><td>ZS—01</td><td>业务治谈室平面图</td><td>A4</td><td></td></tr>
<tr><td>3</td><td>ZS—02</td><td>业务治谈室顶平面图</td><td>A4</td><td></td></tr>
<tr><td>4</td><td>ZS—03</td><td>1立面图 3立面图</td><td>A4</td><td></td></tr>
<tr><td>5</td><td>ZS—04</td><td>2立面图 4立面图</td><td>A4</td><td></td></tr>
<tr><td>6</td><td>ZS—05</td><td>①④⑤⑥</td><td>A4</td><td></td></tr>
<tr><td>7</td><td>ZS—06</td><td>②③</td><td>A4</td><td></td></tr>
</table>

施工说明

一、顶面乳胶漆满批腻子三遍,乳胶漆两遍;

二、墙面乳胶漆满批腻子三遍,乳胶漆两遍;

三、木饰面采用聚酯漆,一底四面;

四、所有的木结构防火涂料两遍;

五、木结构和墙面接触部位刷防腐油。

顾客名称	
项目名称	
图名 办公室图纸目录及说明	
设计/制图	
工种负责人	
复核	
审核	
工程主持人	
设计编号	比例1:2.5
图号ZS—08	日期

B卷

图 5-9 图纸目录图

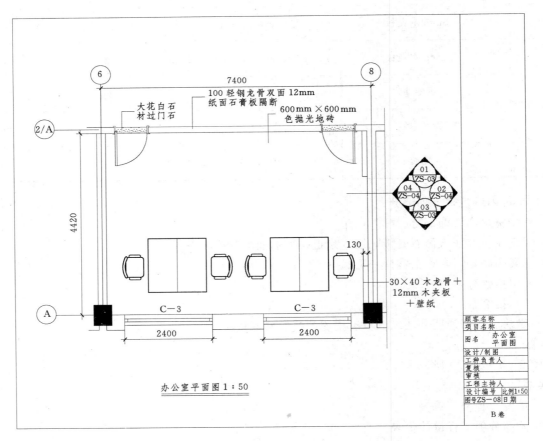

办公室平面图 1:50

图 5-10 办公室平面图

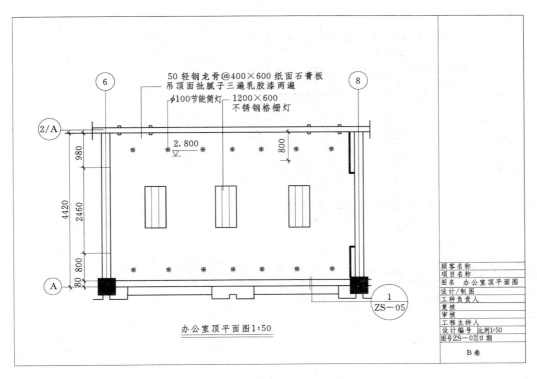

图 5-11 办公室顶平面图

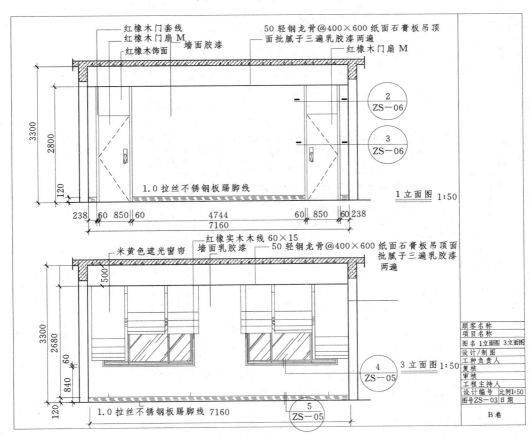

图 5-12 办公室立面图（一）

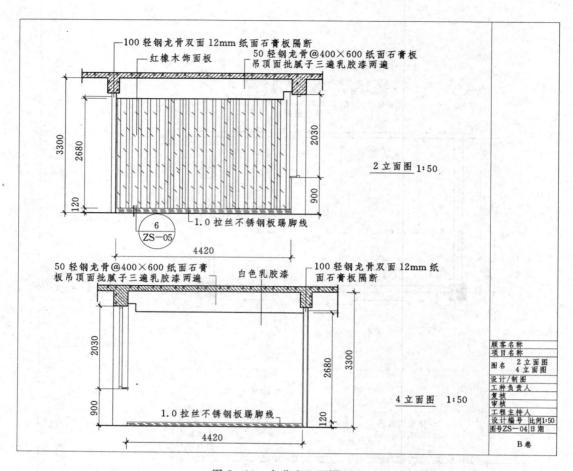

图 5-13　办公室立面图（二）

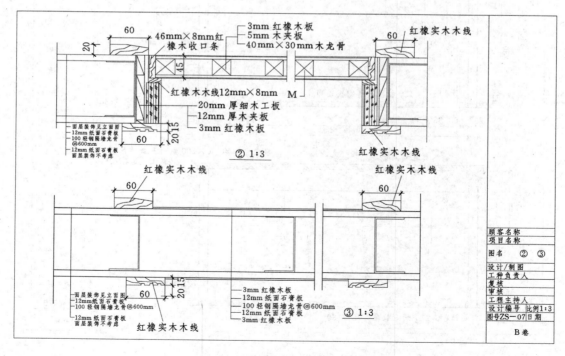

图 5-14　细部剖面图（一）

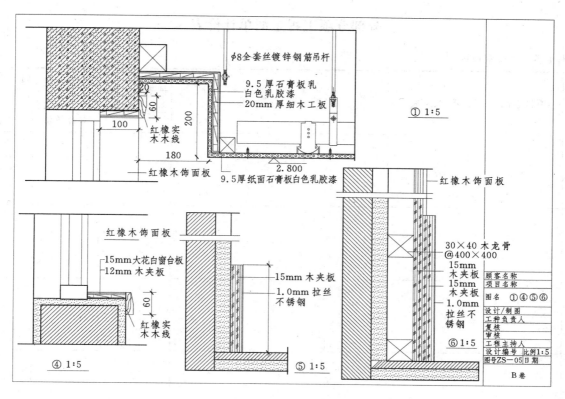

图 5-15　细部剖面图（二）

单位工程费汇总表

工程名称：办公室预算

序　号	名　称　描　述	计　算　公　式	金　额（元）
1	分部分项工程量清单计价合计		
2	措施项目清单计价合计		200.11
3	其他项目清单计价合计		
4	规费（[5～7]）		
5	安全生产监督费		
6	劳动保险费		
7	税金		
	合　价		

分部分项工程量清单计价表

工程名称：办公室预算

序号	项目编码	项目名称	特 征 描 述	计量单位	工程数量	金 额（元）	
						综合单价	合价

分部分项工程量清单计价表

工程名称：办公室预算

序号	项目编码	项目名称	特 征 描 述	计量单位	工程数量	金 额（元）	
						综合单价	合价

分部分项工程量清单计价表

工程名称：办公室预算

序号	项目编码	项目名称	特 征 描 述	计量单位	工程数量	金 额（元）	
						综合单价	合价

工程量计算及综合单价分析表

序号	定额编号	项目（子目）名称	工程量计算公式	单位	数量	综合单价组成（元）					综合单价	合价（元）
						人工费	材料费	机械费	管理费	利润		

工程量计算及综合单价分析表

序号	定额编号	项目（子目）名称	工程量计算公式	单位	数量	综合单价组成（元）					综合单价	合价（元）
						人工费	材料费	机械费	管理费	利润		

工程量计算及综合单价分析表

序号	定额编号	项目（子目）名称	工程量计算公式	单位	数量	综合单价组成（元）					综合单价	合价（元）
						人工费	材料费	机械费	管理费	利润		

工程量计算及综合单价分析表

序号	定额编号	项目（子目）名称	工程量计算公式	单位	数量	综合单价组成（元）					综合单价	合价（元）
						人工费	材料费	机械费	管理费	利润		

2.5 计算过程及结果

单位工程费汇总表

工程名称：办公室施工图预算

序　号	项　目　名　称	金　额（元）
1	分部分项工程量清单计价合计	12970.14
2	措施项目清单计价合计	200.11
3	其他项目清单计价合计	
4	规费（[5~6]）	395.11
5	安全生产监督费（[1~3]×0.6/100）	79.02
6	劳动保险费（[1~3]×2.4/100）	316.09
7	税金{（[1~4]）×3.4/100}	461.22
	合　价	14026.58

序号	项目编码	项目名称	计量单位	工程数量	金额（元）	
					综合单价	合价
1	020209001001	轻钢龙骨双面纸面石膏板隔墙	m²	17.64	77.84	1373.04
2	020302001001	天棚吊顶 面层材料品种、规格：9.5mm 纸面石膏板 龙骨类型、材料种类、规格、中距：50 龙骨 @400mm×600mm 吊筋 直径 8mm 全套丝杆 吊顶形式：简单 面层材料：板缝胶带，满批腻子三遍，乳胶 漆两遍	m²	30.36	72.97	2215.48
3	020408001001	木窗帘盒 窗帘盒材质、规格、颜色：细木工板基层面 纸面石膏板 防护材料种类：细木工板面防火涂料两遍 油漆种类、刷漆遍数：面层满批腻子三遍， 乳胶漆两遍	m	6.9	42.80	295.3
4	020207001001	装饰板墙面 龙骨材料种类、规格、中距：30mm×40mm 木龙骨@400mm×400mm 基层材料种类、规格：15mm 厚木夹板 线条：边口线条收口 50mm×8mm 红橡木 面层：3mm 厚红橡木夹板，面聚酯漆 1 底 4 面	m²	11.85	126.81	1502.65
5	020507001001	刷喷涂料 刮腻子要求：满批腻子三遍 涂料品种、刷喷遍数：乳胶漆两遍	m²	21.78	8.52	185.46
6	020507001002	刷喷涂料	m²	13.28	11.70	155.42
7	020102002001	块料楼地面 找平层厚度、砂浆配合比：30mm 厚干硬性水 泥砂浆 结合层厚度、砂浆配合比：素水泥浆 面层：600mm×600mm 地砖	m²	31.65	137.25	4343.87
8	020105007001	金属踢脚线 踢脚线高度：120mm 基层材料种类、规格：15mm 木夹板 面层材料品种、规格、品牌、颜色：1.0mm 拉丝不锈钢板	m²	2.55	311.44	794.18
9	020407001001	木窗套	m²	3.09	164.01	506.79
10	020407001002	木门套	m²	4.73	148.17	700.85
11	020401005001	夹板装饰门	樘	1	897.10	897.1
		合计				12970.14

分部分项工程量清单综合单价分析表

工程名称：办公室预算

序号	项目编码	定额编号	子目名称	单位	数量	综合单价组成（元）					综合单价（元）
						人工费	材料费	机械费	管理费	利润	
1	020209001001		轻钢龙骨双缩纸面石膏板隔墙	m²	17.64	10.19	62.94	0.68	2.72	1.31	77.84
		13-164	轻钢龙骨中距竖 0.60m，横 1.50m	10m²	1.764	2.58	31.17	0.68	0.81	0.39	
		13-216	石膏板墙面	10m²	3.528	7.62	31.77		1.90	0.91	
2	020302001001		天棚吊顶 面层材料品种、规格：9.5mm 纸面石膏板 龙骨类型、材料种类、规格、中距：50 龙骨 @400mm× 600mm 吊筋 直径 8mm 全套丝杆 吊顶形式：简单 面层材料：板缝胶带，满批腻子三遍，乳胶漆两遍	m²	30.36	14.31	52.43	0.68	3.75	1.80	72.97
		省补 14-3	全丝杆天棚吊筋 H=1050mm	10m²	3.165		3.21	0.33	0.08	0.04	
		14-9	简单装配式 U 形（不上人型）轻钢龙骨 面层规格 400mm× 600mm	10m²	3.165	6.10	26.84	0.35	1.61	0.77	
		14-54	纸面石膏板天棚面层安装在 U 形轻钢龙骨上 平面	10m²	3.036	3.47	15.89		0.87	0.42	
		16-306	天棚墙面板缝贴自粘胶带	10m	4.25	0.78	1.44		0.2	0.09	
		16-303＋[d16-304]	夹板面满批腻子三遍	10m²	3.036	2.52	2.05		0.63	0.30	
		16-311	夹板面乳胶漆两遍	10m²	3.036	0.98	2.35		0.25	0.12	
		17-76	筒灯孔	10个	1.40	0.25	0.27		0.06	0.03	
		17-75	格式灯孔	10个	0.30	0.21	0.40		0.05	0.03	

序号	项目编码	定额编号	子目名称	单位	数量	综合单价组成（元）					综合单价（元）
						人工费	材料费	机械费	管理费	利润	
3	02040800001001		木窗帘盒 窗帘盒材质、规格、颜色：细木工板基层面面纸面石膏板 防护材料种类：细木工板面防火涂料两遍 油漆遍数、刷漆遍数：面层满批腻子三遍，乳胶漆两遍	m	6.90	10.68	27.39	0.56	2.81		
		17—57	暗窗帘盒 细木工板	100m	0.069	7.47	18.78	0.56	2.01		
		14—55	纸面石膏板天棚面层安装在U形轻钢骨龙骨上 凹凸	10m²	0.262	1.59	6.39		0.40		
		16—306	天棚墙面板缝贴自粘胶带	10m	0.367	0.30	0.55		0.07		
		16—303＋ (d16—304)	夹板面满批腻子三遍	10m²	0.262	0.96	0.78		0.24		
		16—311	夹板面乳胶漆两遍	10m²	0.262	0.37	0.89		0.09		
4	02020700001001		装饰板墙面 龙骨材料种类、规格、中距：30mm×40mm 木龙骨 @400mm×400mm 基层材料种类、规格：15mm厚红橡木夹板 线条：边口线条收口 50mm×8mm红橡木 面层：3mm厚红橡木夹板，面聚酯漆1底4面	m²	11.85	32.54	81.21	0.75	8.32		
		13—155 备注1	墙面墙裙木龙骨基层	10m²	1.238	6.96	12.05	0.72	1.92		
		13—172	墙面墙裙多层夹板基层钉在木龙骨上	10m²	1.238	3.86	22.3	0.03	0.97		
		13—216	墙面墙裙润油粉、刮腻子、防火漆两遍	10m²	1.238	3.86	3.54		0.97		
		16—217	双向隔墙、隔断（同壁）、护壁木龙骨 防火漆两遍	10m²	1.238	2.46	2.94		0.61		
		13—182	墙面红橡切片三夹板	10m²	1.185	3.72	28.89		0.93		
		16—108＋ (d16—116)	墙裙润油粉、刮腻子、聚氨酯清漆四遍	10m²	1.185	11.68	11.48		2.92		

序号	项目编码	定额编号	子目名称	单位	数量	人工费	材料费	机械费	管理费	利润	综合单价(元)
5	020507001001		刷喷涂料 刮腻子要求：满批腻子三遍 涂料品种、刷喷遍数：乳胶漆两遍	m²	21.78	3.21	4.12		0.80		
		16-307 备注2	内墙面乳胶漆在抹灰面上批刷两遍混合腻子	10m²	2.178	3.21	4.12		0.80		
6	020507001002	16-306	刷喷涂料 天棚墙面板缝贴自粘胶带	m²	13.28	4.28	5.83		1.07		
		16-306		10m	1.859	0.78	1.44		0.20		
		16-303＋ (d16-304)	夹板面满批腻子三遍	10m²	1.328	2.52	2.05		0.63		
		16-311	夹板面乳胶漆两遍	10m²	1.328	0.98	2.35		0.25		
7	020102002001		块料楼地面 找平层厚度，砂浆配合比：30mm厚干硬性水泥砂浆 结合层厚度，砂浆配合比：素水泥浆 面层：600mm×600mm地砖	m²	31.65	9.88	123.40	0.23	2.53		
		12-94 备注2	600mm×600mm地砖楼地面(水泥砂浆)	10m²	3.165	9.88	123.40	0.23	2.53		
8	020105007001		金属踢脚线 踢脚线高度：120mm 基层材料种类、规格：15mm木夹板 面层材料品种、规格、品牌、颜色：1.0mm拉丝不锈钢板	m²	2.55	16.61	287.40	0.94	4.39		
		12-138 备注1	衬板上贴1.0mm拉丝不锈钢板踢脚线制作安装	100m	0.212	16.61	287.40	0.94	4.39		
9	020407001001	省补	木窗套	m²	3.09	31.42	119.05	1.40	8.21		
		17-5	细木工板红橡板窗套	10m²	0.176	13.56	40.67	0.13	3.42		

序号	项目编码	定额编号	子目名称	单位	数量	人工费	材料费	机械费	管理费	利润	综合单价（元）
								综合单价组成（元）			
9		16—105＋（d16~113）	窗台、板筒子板润油粉、刮腻子、聚氨酯清漆四遍	10m²	0.345	11.89	11.75		2.97	1.43	
		16—216	墙裙 润油粉、刮腻子、防火漆两遍	10m²	0.176	2.11	1.93		0.53	0.25	
			木门套	m²	4.73	25.69	110.88	1.53	6.81	3.26	148.17
10	02040700 1002	省补 17—5	细木工板红橡板门套	10m²	0.129	6.48	19.43	0.06	1.64	0.78	
		13—174	柱梁面多层夹板基层钉在木龙骨上	10m²	0.084	0.72	3.81	0.01	0.18	0.09	
		13—182	墙面 墙裙普通切片板3mm粘贴在红橡木三夹板基层上	10m²	0.255	2.01	15.57		0.50	0.24	
		省补 17—6	实木线条（万能胶粘贴）线条60mm×20mm	10m	2.58	3.51	58.76	1.15	1.17	0.56	
		17—20	红橡平线 B=12×8条	100m	0.099	1.33	1.87	0.31	0.41	0.20	
		16—105＋（d16~113）	窗台 板筒子板润油粉、刮腻子、聚氨酯清漆四遍	10m²	0.473	10.64	10.51		2.66	1.28	
		16—216	墙裙 润油粉、刮腻子、防火漆两遍	10m²	0.129	1.01	0.92		0.25	0.12	
			夹板装饰门	樘	1	193.76	600.2	22.95	54.18	26.01	897.10
11	02040100 5001	15—330 备注1	切片板门 门边梃断面22.80cm²	10m²	0.378	108.8	379.26	21.21	32.50	15.60	
		17—21	红橡平线 B=45×8	100m	0.116	7.37	27.96	1.74	2.28	1.09	
		16—101＋（d16~109）	单层木门润油粉、刮腻子、聚氨酯清漆四遍	10m²	0.378	56.31	92.28		14.08	6.76	
		15—346	球型执手锁安装	把	2	10.64	64.96		2.66	1.28	
		15—349	门吸或门阻安装	只	2	4.48	6.66		1.12	0.54	
		15—348	铰链安装	副	2	6.16	29.08		1.54	0.74	

工 程 量 计 算 书

工程名称：办公室预算

序号	清单编码 （定额编号）	名称	子目名称及公式	单位	数量	合计 （元）
一	020209001001		轻钢龙骨双面纸面石膏板隔墙	m²		17.64
			7.16×2.95−0.85×2.05×2		1	17.64
1	13−216		石膏板墙面	10m²		3.53
			17.64×2		1	35.28
二	020302001001		天棚吊顶 面层材料品种、规格：9.5mm 纸面石膏板 龙骨类型、材料种类、规格、中距：50 龙骨@400mm ×600mm 吊筋，直径 8mm 全套丝杆 吊顶形式：简单 面层材料：板缝胶带，满批腻子三遍，乳胶漆两遍	m²		30.36
			7.16×（4.42−0.18）		1	30.36
1	省补 14−3		全丝杆天棚吊筋 $H=1050mm$	10m²		3.17
			7.16×4.42		1	31.65
2	16−306		天棚墙面板缝贴自粘胶带	10m		4.25
			30.36×1.4		1	42.50
三	020408001001		木窗帘盒 窗帘盒材质、规格、颜色　细木工板基层面纸面石膏板 防护材料种类：细木工板面防火涂料两遍 油漆种类、刷漆遍数：面层满批腻子三遍，乳胶漆两遍	m		6.90
			7.16−0.13×2		1	6.90
1	14−55		纸面石膏板天棚面层安装在 U 形轻钢龙骨上 凹凸	10m²		0.26
			6.9×（0.2+0.18）		1	2.62
2	16−306		天棚墙面板缝贴自粘胶带	10m		0.37
			2.622×1.4		1	3.67
四	020207001001		装饰板墙面 龙骨材料种类、规格、中距：30×40 木龙骨 @400mm×400mm 基层材料种类、规格：15mm 厚木夹板 线条：边口线条收口 50×8 红橡木 面层：3mm 厚红橡木夹板，面聚酯漆 1 底 4 面	m²		11.85
			4.42×2.68		1	11.85
1	13−155 备注 1		墙面 墙裙木龙骨基层	10m²		1.24
			2.8×4.42		1	12.38

序号	清单编码 （定额编号）	名称	子目名称及公式	单位	数量	合计 （元）
五	020507001001		刷喷涂料 刮腻子要求：满批腻子三遍 涂料品种、刷喷遍数：乳胶漆两遍	m²		21.78
			4.42×（2.8−0.12）+7.16×2.88−2.52×2.12×2		1	21.78
六	020507001002		刷喷涂料	m²		13.28
			4.744×2.8		1	13.28
1	16−306		天棚墙面板缝贴自粘胶带	10m		1.86
			13.28×1.4		1	18.59
七	020102002001		块料楼地面 找平层厚度、砂浆配合比：30mm厚干硬性水泥砂浆 结合层厚度、砂浆配合比：素水泥浆 面层：600mm×600mm地砖	m²		31.65
			4.42×7.16		1	31.65
八	020105007001		金属踢脚线 踢脚线高度：120mm 基层材料种类、规格：15mm木夹板 面层材料品种、规格、品牌、颜色：1.0mm拉丝不锈钢板	m²		2.55
			［（7.16+4.42）×2−0.97×2］×0.12		1	2.55
1	12−138 备注1		衬板上贴1.0mm拉丝不锈钢板踢脚线制作安装	100m		0.21
			［（7.16+4.42）×2−0.97×2］		1	21.22
九	020407001001		木窗套	m²		3.09
			（2.4+2）×2×0.114×2+（2.52×2+2×2）×0.06×2		1	3.09
1	省补17−5		细木工板红橡板窗套	10m²		0.18
			（2.4+2）×2×0.1×2		1	1.76
2	省补17−6		实木线条（万能胶粘贴）线条60×20	10m		1.86
			（2.52×2+2.12×2）×2		1	18.56
3	16−105+［d16−113］		窗台　板筒子板润油粉、刮腻子、聚氨酯清漆四遍	10m²		0.35
			（2.4+2）×2×0.114×2+（2.52×2+2×2）×0.08×2		1	3.45
十	020407001002		木门套	m²		4.73
			（2.05×2+0.85）×0.13×2+0.85×0.75×2+（0.06+0.02+0.014）×2.8×2×2+（0.06+0.02×2）×2.8×2×2		1	4.74
1	省补17−5		细木工板红橡板窗套	10m²		0.129
			（2.05×2+0.85）×0.13×2		1	1.29

序号	清单编码 （定额编号）	名称	子目名称及公式	单位	数量	合计 （元）
2	13－174		柱 梁面多层夹板基层钉在木龙骨上	10m²		0.08
			（2.05×2＋0.85）×0.085×2		1	0.84
3	13－182		墙面 墙裙普通切片板3mm粘贴在红橡木三夹板基层上	10m²		0.26
			0.85×0.75×2×2		1	2.55
4	省补17－6		实木线条·（万能胶粘贴）线条60×20	10m		2.58
			（2.8×2＋0.85）×2×2		1	25.80
5	17－20		红橡平线 B＝12×8 条	100m		0.10
			（2.05×2＋0.85）×2		1	9.90
6	15－330备注1		切片板门 门边梃断面22.80cm²	10m²		0.38
			2.1×0.9×2		1	3.78
7	17－21		红橡平线 B＝45×8	100m		0.12
			（2.05×2＋0.85×2）×2		1	11.60
			合计			
8	19－7		满堂脚手架基本层高5m内	10m²		3.17
			4.42×7.16		1	31.65
			合计			

参 考 文 献

[1] 张寅. 装饰装修工程预算 [M]. 北京：中国水利水电出版社，2007.

[2] 郭东兴，林崇刚. 建筑装饰工程概预算与招投标 [M]. 广州：华南理工大学出版社，2005.

[3] 张佳林，夏茂英. 建筑装饰工程费用计算与工程量清单编制 [M]. 南京：东南大学出版社，2005.

[4] 《甘肃省建筑工程消耗量定额》（DBJD 25—14—2004），2004.

[5] 《建设工程工程量清单计价规范》（GB 50500—2004），2003.